中川恵一 東大病院 放射線科准教授／緩和ケア診療部長

放射線のものさし

続 放射線のひみつ

朝日出版社

放射線のものさし

続 放射線のひみつ

目次

はじめに

1年半が過ぎて

2011年3月11日の東日本大震災と津波、また、その結果生じた福島第一原子力発電所の事故から1年半が経ちました。

昨年12月には、総理が原子炉の「冷温停止状態」を宣言し、この4月、福島第一原発の原子炉6基中4基は、電気事業法に基づき「廃止」となりました（5号機と6号機は地震・津波以前から、定期点検で運転停止中）。

原子炉内や使用済み燃料プールにはいまだ核燃料がありますし、その冷温停止を維持する必要があるため、昨年3月以来、燃料を冷やす作業が続けられてきました。炉内の温度が徐々に下がっていく様子を、複雑な思いで注視してこられた方もあるでしょう。今後（おそらくは数十年にわたって）、廃炉に向けて作業が進むことになります。

福島第一原発事故は、日本人のウィークポイントをあぶり出しました。

放射線やがんに関する知識が足りないばかりか、たとえば、確率や統計の基本的な知識が共有されていません。さらには、人生の有限性や生死の問題を真剣に考えてこなかった日本社会の足腰の弱さが浮き彫りにされたように感じます。

もちろん、今回の事故は人災の面もあり、許されるものではありません。そもそも、原発の「絶対安全神話」などどう考えてもあり得ませんし、今後も、原発事故が「絶対起こらない」とは言えません。

ただ、人の健康に電力が必要なことは人工呼吸器一つとっても明らかです。また、原発以外の発電が安全だと言い切れない面もあります。要は、選択肢を「ものさし」で評価して、よりよいバランスをとっていくしかありません。

私は、技術の問題は、技術の向上で解決するしかないと思っています。タイタニック号の事故以降、航海の安全はぐっと改善されましたが、事故が皆無になったわけではありません。私たちができることは、より安全な技術を目指すしかないように思います。

福島の現状——避難は続いている

昨年4月、政府による「警戒区域」「計画的避難区域」「屋内退避区域」の策定にともなって、およそ11万人が避難することになりました。

その後、この春から、「帰還困難区域」「居住制限区域」「避難指示解除準備区域」への見直し・再編が始まりました。*

しかし、全員が自宅に戻れるわけもなく、いまも多くの方が仮設住宅や民間の借り上げ住宅に暮らし、あるいは、福島県内・県外に避難しています。

福島県のデータによると、避難状況がわかります（２０１２年5月および9月）[**]。

▼避難指示区域からの避難者数……約11万１千人

①警戒区域……約７万６千人

②計画的避難区域……約１万人

③旧緊急時避難準備区域……約2万6千人（２０１１年9月末に解除）

▼福島県全体の避難者数……約15万９千人

①県内応急仮設住宅等入居者数（９月27日現在）……約９万９千人

②県外への避難者数（９月６日調べ）……約６万人

一時的な避難のつもりで、とるものもとりあえず移動したのにそのまま戻れず、１年半が経ち、今後、避難から移住・移転になってしまう方もあるに違いありません。

「これまで」と「これから」を考える意味

放射線医としてこの1年半を振り返ってみると、私はいま、一般的な放射線についての解説というより、現実に測定されつつある（外部被ばく、内部被ばくの）放射線量を前提にして、福島と福島以外の日本の状況改善のために、個人的な「回顧と展望」が必要ではないか、と思っています。

原発事故に関して、各種の事故調査委員会が開かれ、報告書も出そろいました（東

＊（7頁）——http://www.kantei.go.jp/saigai/pdf/20120330kouji.pdf

＊＊——福島県「福島県から県外への避難状況（平成24年9月18日更新）」http://wwwcms.pref.fukushima.jp/pcp_portal/PortalServlet;jsessionid=87DAD62A5B0BDB901F9D354D93A1909A?DISPLAY_ID=DIRECT&NEXT_DISPLAY_ID=U000004&CONTENTS_ID=24916 福島県災害対策本部「平成23年東北地方太平洋沖地震による被害状況即報（第735報）平成24年9月30日更新」http://wwwcms.pref.fukushima.jp/pcp_portal/PortalServlet?DISPLAY_ID=DIRECT&NEXT_DISPLAY_ID=U000004&CONTENTS_ID=24914 復興庁「復興の現状と取組」（26頁、福島県発表「平成23年東北地方太平洋沖地震による被害状況即報（第579報）平成24年5月15日」による）http://www.reconstruction.go.jp/topics/01_sanko.pdf

京電力、民間、国会、政府による四報告書)。放射線医・がん専門医である私なりの、この1年半あまりのコミットメントに区切りをつけようと思います。

本書では、原発事故由来の放射線の人体影響に関して、基本的な考えは繰り返さず、むしろ、いま考えるべきことに焦点を当てます。

事故を起こした原子力発電所が「廃止」されても、「廃炉」までには長い時間がかかります。専門家と作業員による長期間の、慎重でオープンな取り組みが要求されます。原発に賛成・反対は別にして、廃炉までの工程は気が抜けない大事業です。私も及ばずながら応援したい。

私の専門に近いところでは、(福島県と県立医大のご指導をいただきながら)被ばくの健康影響の調査と体制構築のお手伝いができるかもしれない。地域の復興に思いを致し、可能なら(飯舘村のように)いくらか専門職としての寄与を果たし、復興のための手はずを整える一端を担い、しかるべき予算や人的・知的リソースを割くよう各方面に働きかけたい。

そうした意味で、長きにわたる復興のための活動——現状改善の努力——はむしろ以前にも増して必要になっているのです。そのために、この1年半、反省すべき点は何か、評価すべきことは何か、また、これからどうすればいいか、何が求められているかを（自省もこめて）考えてみたいと思うのです。

事故調査委員会がそれぞれ報告書をとりまとめたように、各種の講演会・書籍・雑誌・テレビ等々をつうじて一般の方々に語ってきた私としては、この1年半を振り返り、今後に活かすこと、そのための（わずかではあれ）材料を提供することはできそうな気がしています。

このままでは、事故の教訓を残せないのではないか

専門ではありませんので、原子力発電所それ自体の話はできませんし、するつもりもありません。

放射線医としての私の所感ですが、放射線の人体影響——とりわけ「低線量被ばく」——に限っても、百家争鳴と言うと聞こえはいいですが、専門家を含め、実は誤解や乱暴な議論が横行してきた（現在も続いています）。

何より、日常的に、ある量以上の放射線に接する機会を持たない方が、いわば放射線を知らないまま、机上《きじょう》の議論を繰り返し、得々《とくとく》と発信しているように見えます。そのような無責任な発言があちこちで繰り返されるために、多くの方はいまだに誤解か

ら抜け出せない。とりわけ、小さなお子さんを抱える方を不必要に動揺させる言論は、罪深いものだと思います。

また、一部の市民活動家の方々が、国が推進してきた原発に反対する立場から、被ばくの人体影響を過大評価し、それを喧伝《けんでん》してきたようにも感じています。

しかも、「低線量被ばく」をめぐる議論は、建設的なものとは言えないので、もし今後、また同様の事故が起こるとしたら（起こってはいけませんが）、同じような混乱は避けられないと私は思います。（言論のレベルだけでなく、緊急時の対応や長期汚染地域への支援など、何か教訓として残される気配があるでしょうか。）

事故の際に、どういう施策が立てられるべきか、どういう心構えが必要か、平時からどんな準備をしておくか、ということが大事なわけです。現在のような「言いたい放題」が続くのであれば、その対策を共有していくことができないのではないか、と恐れています。

第一章

私は、何をし、何を語ってきたのか

この1年半、語ったこと

震災・津波から4日後、3月15日にツイッターで発信を始め、次いでブログに移行しました。その間、福島第一原発で全電源喪失《そうしつ》が明らかとなり、炉心冷却の不能が危ぶまれ、1号機と3号機で水素爆発が起こる中、インターネットで「啓発」を目指したわけです。勤務先の東大病院放射線治療部のスタッフと「チーム中川」をにわか編成し、ゲリラ的に議論を交わし、対処しました。(その活動を再編した書籍が『放射線のひみつ』です)。

私は電子メールは頻繁に利用しますが、ツイッターもブログも未経験でした。報道で聞こえてくる「放射線の人体影響」の解説と称するものが、私たち放射線治療に従事するものたちの常識からあまりにもかけ離れていて驚き、一種の義務感に駆られて始めたのでした。

(不慣れ故の誤りが二、三あり、ツイッター・フォロワーのみなさんやブログの読者の方々にはご迷惑をかけたことは認めざるを得ませんが、発信の過半は基本的に現在でも正しいと思っています。ブログは現在も公開しています。)

不慣れなインターネットであえて発信したのはなぜか。目に見えず、耳にも聞こえず、肌で感じることもできない放射線の基本的な知識を身につけてほしい、その知識をもとに適切な対処をお願いしたい、要はこれに尽きます。

今回の福島第一原発事故で、作業員ではなく一般公衆の被ばくレベルで唯一心配されるのは「発がん」の増加であること、また、同時に、その可能性はきわめて低いことを述べました。

さらに、「発がん」という言葉がひとり歩きするのを目にしたので、当のがんという病気の概要を解説しました。いまや日本では、2人に1人ががんになる、3人に1人ががんで亡くなる、がんはたった一つの細胞の突然変異から発し、免疫の監視・攻撃をかいくぐり、暴走を始める結果（数年から十数年をかけて）塊《かたまり》にまで成長すること、早期発見と医療技術の進展により、もはやがんは不治《ふち》の病ではなくなったこと等々。

そして、放射線防護の原則（経済的・社会的状況を考慮しながら、合理的に達成できる限り被ばく線量を下げる）にも筆は及んでいたと思います。

事故後の切迫した状況を過ぎた段階で、私たちは「現存《げんぞん》被ばく状況」に生きている、その認識がないと、対応を誤る、と主張しました。事故直後の緊急時対応を続けるべきでないし、同時に、平時（事故と無縁の時期）の対策を無理に維持することも間違いだからです。

「現存被ばく状況」とは耳慣れない用語です。この概念は、国際放射線防護委員会（ＩＣＲＰ）による２００７年の勧告（ICRP Publication 103）で提起され、２００９年のレポート（ICRP Publ. 111）で詳細に説明されています。福島第一原発事故後の地域復興に重要な示唆を与えるものですので、当時、「ICRP Publ. 111」の邦訳が刊行されていなかったこともあり、その要点をチームの力を借りて『放射線のひみつ』巻末にまとめました。

本年年頭に刊行した『放射線医が語る被ばくと発がんの真実』は、内部被ばくこそ危険だ、心配だ、という誤解があったため、その解消を目的に執筆したものです。

事故後1年を過ぎる頃から、各位の努力と献身によって、当の内部被ばくの度合い（測定値）がわかってきました。当初の予想を下回るものだったことに安堵《あんど》された方も多いはずです。内部被ばくという言葉を、恐ろしい呪文のように流布《るふ》した人たちがいたことをたいへん残念に思います。

あの本には、もう一つの柱があります。チェルノブイリについての無理解を正したい、という目的です。チェルノブイリ原発事故から25年、被害の実態が広く認知されているとは言い難く、また、ベラルーシ、ウクライナと旧ソ連（現ロシア）の関係もよく理解されているとは思えませんでした。

たしかに、ＩＣＲＰ（国際放射線防護委員会）やＵＮＳＣＥＡＲ（原子放射線の影響に関する国連科学委員会）など、専門家のあいだで定評のある研究機関・国際組織が作成した報告書はありました。ただし、おもに英文で大部の報告書ですから一般の方が読むのはむずかしい。ということで、国際機関ではない、チェルノブイリ事故の当事者（ウクライナ・ベラルーシ・ロシア政府）が作成した公式レポートを一般に紹介したのは、あの本がはじめてでした。

お伝えしたかったのは、チェルノブイリ原発事故と福島第一原発事故では放射性物質の放出量が異なること（大雑把に言えば後者は前者の10分の1）、チェルノブイリと違って福島では、食品や飲料水等の生産と流通の規制が奏功《そうこう》して内部被ばくが抑制されたこと、それらの結果、不幸にして被ばくした方々もその線量は（チェルノブイリに比して）微量であったこと、健康影響はおそらく出ないこと、懸念される「発がん」も心配がいらないこと、等々でした。

昨年7月初旬には、東大文学部の哲学研究室が主催したシンポジウム「東京大学緊急討論会――震災、原発、そして倫理」に参加しました（他に4名の先生が出席）。その記録をもとにした『低線量被曝のモラル』が今年になって刊行されています。

この会合の中心メンバーである島薗進先生とは、21世紀ＣＯＥ「死生学の展開と組織化」で数年前からお付き合いがありましたが、放射線の人体影響に関しては合意できる部分がほとんどなく、私は「安全デマ」を発信する代表格として遇されました。私の見解や反論はここでは繰り返しません。

なお、島薗先生と私は、東大文学部「応用倫理研究Ⅲ」公開ゼミで再び議論する機会がありましたが（2012年4月下旬）、議論は昨年と同じく噛み合いませんでした。残念です。

医療、現地、行政に関わって

私は、日常的に、がんの患者さんに放射線治療を施す医師ですので、放射線の現場にいます。

そして、昨年4月以来、政府によって「計画的避難区域」に指定され、5月には全村避難となった福島県相馬郡飯舘村《いいたてむら》にも何度か通い、リスク・コミュニケーションのアドバイザーを務めています。佐賀県の武雄市《たけおし》ともご縁があり、がれき処理問題を含めアドバイザーをおおせつかっています。また、内閣府食品安全委員会に（昨年春、複数回）専門参考人として参加しました。

本来はがん治療の専門家として、教育と治療と研究が本業なのでしたが、福島第一原発事故以来、放射線の人体影響について語る機会がぐっと増えたわけです。

たとえば、食品安全委員会の暫定《ざんてい》規制値の検討会に際して、「現在の線量測定からして、厳しすぎる基準を適用すると、生産者への負担が大きくなりすぎる」と反対しました（本年4月以降、暫定規制値は新基準値に切り替わり、さらに厳しくなりました）。

一方で、昨年春、原発作業員の放射線線量限度を500ミリシーベルト（年間）に引き上げよう、と検討がなされたときには、自分がその線量を浴びることを想像し、受け入れがたいと考え、反対しました（幸い引き上げはなされませんでした）。

放射線を扱う医療と福島の現地と事故対策を講じる行政、三つの領域に関わり発信したこの1年半の経験は、そうそう一般的ではないでしょう。であれば、あのときの判断はあれでよかったのか、別の対策を講じるべきではなかったか、等々を振り返り検証しなければならない、と思うようになったのです。

飯舘村のリスク・アドバイザー

福島第一原発から北西に40キロも離れている福島県相馬郡飯舘村《いいたてむら》は、昨年4月の「計画的避難区域」の策定と「全村避難」の指示によって、厳しい判断を迫られていました。私は昨年4月末、たまたまお邪魔する機会がありました。地元新聞社のご紹介によって、菅野典雄村長にもお目にかかれた。ご縁というべきものを感じて、何度かお邪魔することになった村です（役場は現在福島市に移動し、村民の多くも福島市で避難生活を続けておられます）。

事故直後は原発周辺地域から避難してきた人々を受け入れていた飯舘村が、「計画的避難区域」に指定されたのです。放射性プルームが原発から北西方向へ移動し、大量の放射性物質を降下させた。その結果空間線量が上がり、年間積算20ミリシーベルトを超えると予想されたため、（猶予《ゆうよ》期間）1ヶ月で全村避難せよということになった。

4月末、村役場近くの空間線量率は1時間あたり3マイクロシーベルト、単純計算では年間30ミリシーベルトにも達する値でした。私も妊婦や小児は避難させた方がいいと思い、そう村長や役場の方にお伝えしました。

計画的避難区域とは、「これまで放出された放射線量から計算して、今後1年間の放射線量を積算すると20ミリシーベルトに達する可能性がある地域」です。

この政府基準からすれば、村をあげて全員が避難すべし、となりかねない勢いだったのです。しかし、放射線の急性障害が出る恐れがないとは言えなかった原発敷地内の条件と、飯舘村の環境はまったく異なるものでした。

避難は相応のリスクを伴うので、闇雲《やみくも》に避難することは悲劇を生みます。(現に、飯舘村菅野村長のご母堂は避難の過程で命を落とされています。) 避難のメリットとデメリットは慎重に比較衡量《こうりょう》し、腑《ふ》分《わ》けしなければならないのです。

私が懸念したのは、高齢者における避難のリスクです。特別養護老人ホーム「いいたてホーム」までが移転されそうになっていました。ホームのお年寄りの平均年齢は80歳台で、最高齢は100歳を超える方も暮らしている。お年寄りはグループで長年暮らしているので、いわば拡大された家族とともに住んでいるようなものなのです。

避難するとなれば、この「家族」はばらばらにされ、見知らぬ環境への適応を迫られる。多くの心理的・身体的ストレスがかかることでしょう。その「いいたてホーム」を全村避難に含めるという政府の方針を知って、あまりに機械的な運用に苛立《いらだ》ちを覚えました。地震・津波直後に避難した高齢者の方々の死亡率上昇を知っていたからです。

事故から1年を迎える時期に企画されたある座談会で、「事実、福島の高齢者の死亡率は、避難によって三倍になりました。何の準備もなしに、老人ホームなどからいっせいに避難させたために、すぐにお亡くなりになる方が多かった。避難する方が正義に思えるけれど、特に高齢者の場合、間違っていることが多い。むろん、第一義的な責任は事故を引き起こした東電や、避難指示に的確さを欠いた国にあります。しかし、とるものもとりあえず避難させて、その状態を長期化させるというのは、まったくおかしい」(『中央公論』2012年4月号)と述べたのも同じことです。

ある量の放射線を浴びるリスクと、避難するリスクとの比較衡量がされていなかった。また、屋外で測定される空間線量をもとに「年間20ミリシーベルト」と積算値が算出され、避難勧告がなされるわけですが、鉄筋コンクリート造りのホームの中の実測値はずっと少なく、開きがありました。(個人線量計では、年間約3・5ミリシーベルトで、わずかな被ばく量でした。村内に「通勤」する方は、年間2・4ミリシーベルト。)

飯舘村・菅野村長の確固たるご意向もあり、私の意見も参考にしてくださって、「いいたてホーム」の移転を政府が中止することになったのは、幸いでした。

菅野村長の発言をそのまま引きますと、「積算放射線量が年間20ミリシーベルトを超えてはいけないという線引きがあるなら、それを逆手にとって、屋内ではその線量を超えない老人ホームや屋内操業企業、併せて9事業所の操業を国に認めてもらいました」ということです(菅野典雄・中川恵一「ぶれる政府と煽るマスコミに翻弄されて」『新潮45』2012年3月号)。

混乱を繰り返さないために

至らぬところも多々あったとは思いますし、そのことは後ほどまた触れたいと思いますが、少なくとも自分のやってきたことが、（もはや絶対に起きないとは言えない）原子力発電所事故後の対策を、あらかじめ練り直すことに、いくらか資するかもしれない。

どのような立場の人たちから見ても、いま検証と反省に立って、備えるべき対策というものがあります。原発に賛成であれ、反対であれ、遠方への避難を選択されない方であれば、少なくとも数年、長ければ50年、これからある程度の量の放射線のなかで生きていかなくてはいけない。

そのときに、放射線についての基本的な考え方がわかっていなければ、太刀打ちできないし、対応を誤ります。

災害は、いつまた来るかわからないし、必ずやってくると考えるのが自然です。そのときの対策はできているのか。残念ながら否定的です。泥縄《どろなわ》式の対応がまだ改まらないし、「次」に備える準備が予算としても人員としても指揮系統（組織）としても法令としても、整備されているように見えない。

事故から1年半が経ち、原発作業員のみなさんの懸命の努力によって、放射性物質の大量放出はかろうじて抑《おさ》えられている。ところが、内部被ばく測定機器（ホールボディカウンターWBC）のソフトに不具合があったり、データの校正さえ不十分、実地では着衣のまま測定する場合もあり、正確なデータがとれない、ということがわかってきた。

全くの手弁当で、忍耐強く、状況改善の指導にあたってこられた幾人かの専門家のおかげで（ご迷惑がかかることを恐れますのでお名前は挙げません）、ようやく内部被ばくのデータが多くの人の目に触れるようになった（幸いにきわめて微量であることがわかっています）。

医師も看護師もカウンセラーも不足しているので、昼夜を問わぬ献身で医療はかろうじて支えられ、スタッフは過労に苦しんでいる。被ばくがわずかであったとはいえ、健康影響が出た場合に備えるために、健康調査は万全の態勢で臨まなければならない。東京の報道ではもう見えなくなりつつありますが、医療に限っても、福島第一原発事故後の放射線対策は破綻《はたん》しないのが奇跡のような状態なのです。

現状を少しでも知れば、新たな事故が起きた場合、昨年から今年にかけて、また、現在に続く混乱が繰り返されない保証はない、と思い知ることになります。放射性物質の放出と拡散経路の予想と実測を、どう住民に伝えるのか。道路や鉄道が各地で寸断されている中で、避難経路をいかに確保するのか。避難先に想定される場所（衣食住）の確保はできるのか。

また、安定ヨウ素剤を自治体に配備すればすむわけではないのです。放射性ヨウ素131の放出量と降下量が少ないにもかかわらず、安定ヨウ素剤が自治体から住民に配られ、服用した住民に副作用が生じる、といったことは起きてはなりません。海外の報道に煽《あお》られて、80キロまで逃げなさいと言われて、避難の途中で多くの人が命を落とすなんていうことが本当になってはいけないのです。

そのためには、ICRP（国際放射線防護委員会）の2009年のレポート（ICRP Publ. 111）が述べているような、「現存被ばく状況」における対処法が、いわば常識になっていかなくてはいけない。「制度や予算や人員をともかくも揃《そろ》えました」では、ことの半面が用意されるだけ。地域ごとの訓練が（今度は）本格的に必要になるはずです。

机上の避難訓練ではなく、今、私たち（とりわけ福島の方々）が置かれている「現存被ばく状況」をよく理解し、その中で生きる術を学ぶ必要があります。それぞれが独自の判断が下せる知識を持つ、避難することも避難しないことも選択できる、残るのであれば用心しなければならないことは何かを知る、実地でなじんでいく。行政も専門家も（主体である）住民との対話のなかで対策を練り上げていく。その予算化（＝納税者の理解を前提にした税金の投入）と訓練が視野に入っていなければならないのです。

そもそも「現存被ばく状況」は、「計画被ばく状況」「緊急時被ばく状況」の中間として定義されるものです。事故直後の緊急事態が過ぎ、放射線源（福島第一原発事故で言えば核燃料）のコントロールがなされるようになった段階で、緊急時被ばく状況は現存被ばく状況へと推移します。

「計画被ばく状況」とは、管理された被ばく（放射線管理区域内での仕事）のことですから、われわれ放射線医療の医師・医学物理士・看護師等が日常的に、放射線治療の現場で経験している状況そのものです。

被ばくはできるだけ少ないに越したことはありません。しかし、他に選択がない場合、（医療の場では）治療として放射線を用います。たいへん大きな線量の放射線を患者さんのがん病巣《びょうそう》に、あるいは、患者さんの全身に照射することがあるのです。いま福島で（外部被ばく・内部被ばくを問わず）懸念されている放射線量は10ミリシーベルト未満ですが、私たち放射線治療チームが扱うのは、その5千倍の量です。放射線を患者さんに照射するだけでなく、放射線を出す線源《せんげん》を患者さんの体内に埋め込むことだってあるのです。

こうした場所で1日の大半を過ごす生活を30年も送っていますので、放射線の「勘《かん》」は養われてくる。線量計も全員が携行しています。

「放射性物質はできるだけ少ない方がいい」と厚生労働大臣が言えば（文脈抜きではまことに正論です）、みんななびいてしまう。それで結局、食品安全基準値は（暫定規制値から）大幅に厳格化されたわけですが、それで一体、誰の命を守っているのか、誰の生活を破壊しているのか。間接的な痛みなものだから、消費者はわかっていないのではないか。イチかゼロかではなく、多様な状況の中で、リスクをできるだけ下げてこの状況を乗り切っていきましょうということが広く共有されてほしい。そう私は思っています。

ですから、誰かを非難するとか、ダメ出しをするのではなくて、私の立場でこの1年半を振り返ると、あの時、こうすれば良かったのではないか、国のレベルと、県のレベルと市区町村のレベルと、こんなことでよかったのか、こうできたのではないか、言える範囲で話してみたいと思います。

それは、何も自分が大変だったという話がしたいからではありません。誰よりも大変な思いをされているのは、原発敷地内で作業を続けるみなさん、被害をこうむった（こうむりつつある）現地の方々です。また福島原発周辺から、あるいは、福島県内から別の地域へ、さらには県外へと避難された方の苦悩もわずかに想像できます。その中には必要のなかったはずの情報被害も含まれています。私がここで、自分が何をしてきたかを話すのは、経験を提供し、共有し、願わくば検証していただき、参考にしていただくためです。

そして、一人でも多くの人に「放射線のものさし」「放射線の勘《かん》」を身につけていただき、自らリスクをはかり、人生を切り開いていってほしい。私は、そう願ってやみません。この本が、そのためのお役に立つのであれば幸いです。

第二章

私は、何を・どう語るべきだったのか

詳しくは、追々《おいおい》ご説明しますが、福島第一原発事故とその後の混乱をいま振り返って、私は以下のような感想を持っています。できたこと、できなかったこと、総じて反省点です。

①専門家として（脇が甘いまま）乗り出した。
②「わかりやすく、ひとことで」の要請に抗せなかった。
③社会への呼びかけと患者さんとの対面、その違いに気づくべきだった。
④伝言ゲーム（ツイッター上での、文脈を切り落とされたＲＴ〔リツイート＝転送〕）を予想していなかった。
⑤「御用学者、安全デマ」の誹謗中傷《ひぼうちゅうしょう》に耐性《たいせい》ができていなかった。
⑥専門家の権威失墜《しっつい》を予測すべきだった。
⑦放射線防護、リスコミ専門家の不活性・萎縮《いしゅく》を察知して、「餅は餅屋」「専門家は発信すべき」を呼びかけ・組織するべきだった。
⑧その場その場の不安に即応するだけでなく、中期的戦略を立てて、発信すべきだった。
⑨学術的に正当化されなくても、役に立つ対策を講じるべきだった（小学校等の校庭の放射線量の設定、食品安全基準値の見直し、原発作業員の線量限度、広域がれき

処理、平時における一般公衆の線量限度の不適用等々)。
⑩低線量被ばくをめぐる「安全/危険」の果てしない議論に見切りをつけるべきだった。
⑪緊急時と復興時のリスク・コミュニケーションを学んでおくべきだった(情報の錯《さく》綜《そう》、予防原則の適不適)。

ご批判は他にもあるかもしれません。以上が私なりに、あるいは実現できたこと、あるいは不十分だったこと、さらには全く対応できなかったことです。

パニックの始まり

2011年3月11日、東日本大震災と津波の起こった日に、福島原発が危ない、と報じられました。そこから一気に、あまりにも不確かな情報が(大小を問わぬ)メディアに溢《あふ》れるようになりました。テレビ・ラジオ・新聞・インターネット等々です。

未曾《みぞう》有の大地震と津波があり、当初、被害の全貌もつかめず、余震も頻発しましたので、だれもが混乱せざるを得なかった。いまにして思えば、地震と津波はもとより、福島原発事故がどのように起こり、今後どのように推移していくか、正確な把握と予測ができた人は非常に少ないと思います。

地震と津波に原発事故——津波が引き起こした全電源喪失によって、原発の炉心や使用済み燃料プールの冷却ができなくなり、炉心溶融に至り、水素爆発が立て続けに起きた——が重なり、はじめて、原発の構造（格納容器、圧力容器）やいわゆる「炉心溶融・メルトダウン」など、原子炉とその構造や、事故が起きた場合の危険を語る、あまりなじみのない言葉が目や耳に飛び込んでくる。スリーマイル島やチェルノブイリや東海村での事故の記憶を刺激された方も多かったでしょう。

それとともに、ベクレルやシーベルトなど、放射線とその人体影響を語る言葉をみなさんが（ほとんどはじめて）耳にすることになった。

私をはじめ、程なく「東大病院放射線治療チーム＝チーム中川」を構成することになる同僚の医師・医学物理士たちは、これら報道のかなりの部分に大きな違和感を持ったのです。原子炉の構造はともかく、放射線をよく知っているとも思えない人たちが、過大な恐怖を煽《あお》っている、と見えました。

いま「過大」と書きました。過大かどうかは、たしかに、事故の規模と性質と対応と運によります。過大ではなく適正だったという意見があるかもしれませんが、私はそう思いません。

たとえば原発80キロ圏内の人々は全員避難せよ、というたぐいの主張、また、福島では発がんとその結果のがんによる死亡が急増する、というたぐいの「予言」――これらは過大かつ無責任です。今から見て、というだけでなく、当時もそう見えた。（現在に至っても、福島県の広域にわたって避難すべきと主張する人々がいることに、強い違和感を覚えています。自治体のみならず多くの方々の献身によって、広範囲に正確な測定が行われるようになり、内部被ばくも外部被ばくもその「規模」が認識されつつあるのに、なぜか、と思わずにはいられません。）

私たちには放射線治療の日常がありますので、放射線について詳しい知識があり、患者さんのがん病巣に、かなり大きな量の放射線を照射しています。その線量は、一年前に報道されていた空間線量（計画的避難区域の指標になった年間20ミリシーベルトなど）の数千倍にも達します（μSvやmSvではなくSv単位）。

私たちの予測と違和感

あまり知られていないと思いますが、放射線治療はチーム医療です。医師や技師や看護師以外に、「医学物理士」が必要です。医師ではなく大学院で理工学を修めてきた専門家。治療の計画や実施と確認も彼らと医師が相談して決めます。放射線治療にはその知識と経験と技量が必須なのです。理学部だけでなく、工学部出身のスタッフもいて、現に私の部下のひとりは原子力工学出身です。

これらスタッフや他の物理・工学系専門家経由で、事故の見通しが私の耳にも入ってくる。多少のバイアスはあったと思います。しかし、大局的に、どういう状況が予想されるかについて、早い段階から私たちは理解していました。原子炉の型が違い、炉心そのものが爆発したチェルノブイリと同じことにはならない、とかなりの確度をもって予測していました。

(原子炉内部の様子や冷却作業でのアクシデントなど、また、放射性物質を含む気体を原子炉から外に出した〔ベントした〕際の風向き等、さらに大きな被害がもたらされた可能性も皆無ではなく、運に恵まれた面も多々あったように感じていますが、私の判断を超えます。国会や政府の事故調査委員会の最終報告でも、必ずしも全容が明らかになったとは言えないようです。)

当初、私が一番驚きを感じたのは、東京での日常生活があまりにも変わってしまったことです。電力需給の関係から、節電が家庭のみならず工場や駅や繁華街で実施されたことも違和感を助長したかもしれません。「放射能」を恐れ、マスクを常時使用する、水はペットボトルしか飲まない、子供を外で遊ばせない、洗濯物を屋外に干さない、野菜は食べない、場合によっては関西・四国・九州・沖縄等他府県に移住（避難）する、すなわち、福島第一原発事故が東京にまで深刻な影響を与える、避難を必要とする甚大《じんだい》な影響を及ぼす――そうなるとはまず考えられなかった。

放射線「量」の感覚

放射線に被ばくするとしても、仮にその線量の積算が数十ミリシーベルトになったとしても（広島や長崎の被爆《ひばく》と違って、一瞬にではなく、ある時間をかけてゆっくり被ばくする場合は）、人体に影響を与えるということは、ほとんどありません。私たちはそうした知見に基づいて、放射線管理区域（東大病院の地下三階にある放射線治療室など）で1日の多くの時間を過ごすだけでなく、患者さんに放射線を照射し、あるいは、放射線を出す線源（放射性物質）を患者さんの身体に埋め込んだり、ヨード（ヨウ素）131のカプセルを患者さんに飲んでもらったり、入院時のケアも（現に）しているからです。

そもそも、地球誕生以来、この星には宇宙線が常時降り注いでいますし、生命誕生以来38億年、すべての生命はこの環境で進化してきました。しかも、放射性物質に「半減期」があるということは、昔に遡《さかのぼ》るほど放射線のレベルは高かったわけです。

地球に降り注いでいる宇宙線や大気中のラドン、口にする食物や飲料に含まれる放射性物質からの放射線は「自然放射線」と総称されます。人工的な放射線以外の、自然放射線による被ばくを自然被ばくと言います。

日本の自然被ばくの平均が一年間で2・09ミリシーベルト。世界平均は年間2・4ミリシーベルト。アメリカは3ミリシーベルトですし、スウェーデンは6ミリシーベルトに達します。中には10ミリシーベルトという場所さえあります。そして、現にその場所に人間が住んでいる。しかし、過剰な発がんや健康被害、遺伝的疾患《しっかん》等は報告されていないのです。

チェルノブイリ原発事故（1986年）の影響をこうむったヨーロッパにがんや白血病が多いわけではありません。天然の被ばくは安全で、原発からのものは危険、というわけでもありません。たとえば、1ミリシーベルトの被ばくがいったいどういう重みがあるのか、など、「放射線のものさし」を身につけることがなにより大切です。

――［自然放射線による被ばく量について］

これまで、日本における自然放射線による被ばく量は年間約1・5ミリシーベルトと言われてきました。しかし、昨年（2011年）末に公表された新しいデータによると、自然の食品からの内部被ばくは0・58ミリシーベルト増えて、年間0・98ミリシーベルトとなっています。この結果、年間の自然被ばく量は2・09ミリシーベルト、医療被ばくと合わせた「日本人の平均的な被ばく量」は年間5・97ミリシーベルトに達します。（福島第一原発事故以前の数値。日本の医療被ばくは世界一。）

（これまで評価できていない寄与分が今後もわかってくるとすれば、自然被ばく量はさらに高くなる可能性もあります。）

一般公衆の線量限度は年間1ミリシーベルトですから、平均的日本市民の場合、年間約6ミリシーベルト（自然被ばく＋医療被ばく）＋年間1ミリシーベルト（線量限度）＝年間約7ミリシーベルトまでに被ばくを抑えようということになります。（現在の福島以外）年間1ミリシーベルトにこだわる意味はないことがわかります。

自然な内部被ばくが増えた理由は、食品中のポロニウム210（天然の放射性物質）の詳細の分析ができるようになったためです。ポロニウム210の寄与分が1992年（前回公表時）の算定では過小評価であったことがわかり、前述のように、自然の食品からの内部被ばくが年間約1ミリシーベルトとなりました。

天然ポロニウム210からの被ばくが年0・58ミリシーベルトというのは、世界的に見て突出して高い値です。これは、ポロニウム210が魚介類に多く含まれているからです。日本人の長寿の理由の一つである「魚好き」が内部被ばくを高めているというわけです。

なお、ポロニウム210は〝猛毒〟と恐れられているプルトニウムと同様、アルファ線を放出する核種《かくしゅ》です。アルファ線による被ばくも毎日起こっていることを考えると、プルトニウムを特別視する必要はありません。

そして、自然放射線被ばくの特徴は、広島・長崎の原爆由来の放射線被ばくと違い、ゆっくりと被ばくすることとです。低線量を時間をかけて被ばくする。ゆっくりとした被ばくをするということは、放射線が人体の細胞（DNAなど）を傷つけるにしても（実際傷つけています）、修復が効く場合が多い、ということを専門家は知っています。ともかく昨年（2011年）の春、東京は言うまでもなく、福島においても、数十ミリシーベルトあるいは100ミリシーベルトを超えるような被ばくはあり得ない、と十分予想されました。（原発敷地内で、困難な修復作業に当たる作業員のみなさん

を除きます。）それは、測定データから判断できた。

ですから、見通しとして、顕著《けんちょ》で甚大《じんだい》な被害あるいは軽微な被害さえ生じないということは予測できていました。

専門家ではないみなさんが、無色無味無臭の放射線を前にして、恐怖に駆られることは理解できます。正体のわからないものは端的《たんてき》に怖い。そのこと自体は当然で、知らないことを非難することは筋違いです。ただ、私たち放射線治療チームに恐怖はなかった。

地震と津波と原発事故のあとも、メディアで発言したり、ツイッターやブログを開設し発信したり、講演会に招かれたり、飯舘村にお邪魔したり、政府や内閣府の会合に参考人として参加したり、それまでには考えられなかった過密スケジュールが毎日続きましたが、それでも病院では、いつもと同じように、患者さんと面談し、診療・治療に当たっていました。

「誰に語っているか」の自覚不足

しかし、いまにして思うのですが、昨年3月、4月の時点で、政府もマスコミも学会ももちろん私個人も、ある意味で判断を誤ったと思います。福島第一原発由来の放射性物質に対してはさほど心配しなくてもよいですよ、という判断が間違っていたのではなく、そう伝えることに失敗した、主張の含意《がんい》をよく理解してもらうことができなかった（場合がある）、という意味で判断を誤った。

放射線の人体影響に関して、「ただちに影響はない」という言い方が最初のつまずきです。「ただちに」の裏に「いつかは」が貼り付いている。嘘ではないにしても、不安を煽《あお》られ、恐怖を覚えている人たちの気持ちを鎮《しず》める言葉にはならなかった。私自身、官房長官が記者会見の度に繰り返す発言を聞いても、大きな違和感をもって受け止めることができなかったし、代案を出すこともできなかった。これは事前に予測ができなかった。不測《ふそく》の事態ではありましたが、いかにも準備不足でした。

メディアを介して発信することは、専門家や病院のスタッフと話すこととはおおいに異なるのに、十分な配慮が足りなかったと思います。突然テレビ局から連絡が来て、スタジオでの打ち合わせも短時間、ひたすら「わかりやすく、短く、結論だけを」と要請される。慌《あわ》ただしく放送が始まってしまう。どう語るべきか、最善のメッセージはどのようなものであるべきだったのか、いまでもわかりません。

専門家の連携不足

対策を講じようにも知恵を出してくれる人がいない。あわててリスク・コミュニケーションの専門家に助言を仰いだのですが、具体的な指針を得ることはできませんでした。ひょんなことから始めたツイッターでは、威勢のいい批判や罵倒《ばとう》を毎日浴びていました。（一言居士《いちげんこじ》とか内弁慶《うちべんけい》といった言葉を思い出しました。）

私たち「東大病院放射線治療チーム＝チーム中川」は、放射線の「量の問題」「程度問題」を知ってほしかった。当初、寺田寅彦の「ものをこわがらな過ぎたり、こわがり過ぎたりするのはやさしいが、正当にこわがることはなかなかむつかしい」という文言（「小爆発二件」１９３５年）を援用したこともあります。健康被害を心配する必要はない、そもそも（健康被害に関係するような）放射線の「ものさし」をもって（今回の現実に）あててみれば、パニックに陥《おちい》らず冷静に対処できる範囲である、と言いたかったのです。

ところが、専門家と非専門家のあいだだけでなく、自称・他称の専門家と私たちでも、判断基準となる「ものさし」が違いすぎました。

そんな中、「ただちに影響はありません」「健康被害を心配するには及びません」という発言がきっかけで、私は「安全デマ」「御用学者」と呼ばれることになってしまった。事故が起きてはじめて「ただちに影響はない」などと言っても受け入れられない、と思い知りました。「放射線のものさし」は、事故以前から共有しておかなければならなかったのです。（しかし、どのように、と自問自答しながら時間が過ぎます。）

　私のような放射線治療医が、ひとりでどうこうできることではないのですが、あらかじめ不測《ふそく》の事態に備えて、政府・自治体、専門家集団（学会等）、地域住民、報道関係者（とりわけ科学部の記者）などの諸氏と、最低限の共通了解を積み上げておくべきでした。しかし、原発の「絶対安全神話」のもとでは、もとよりむずかしい話ではあります。この点は、機会をとらえて心がけているのですが、何かが一新されたようには思えません。今後の課題です。

　インターネットを舞台にした、玉石混淆《ぎょくせきこんこう》の情報戦への対処も、今後は視野に入れなければなりません。意図しても不可能なので統制・制御は論外です。理にかなう発信が結果的に信頼を得るような、地道で継続的な営為が不可欠だ、と身に沁みました。

　福島第一原発事故の収拾は、現在も進行中の事態であり、ご迷惑がかかることを恐れ、ここにお名前を挙げることはしませんが、みなさんよくご存知の何人かの研究者による、敬服すべきご尽力を忘れることはできません。また、不勉強故に存じ上げない方々の懸命の奮闘もあった（ある）に違いありません。

ただし、1年半経って、最近講演会などでお目にかかる方から、「当時、説明を聞いて安心した」「相反する情報が飛び交うなか、有益だった」とお声をかけられることがあります。ある範囲の方々には聞き入れられた、お役に立てた、とも感じています。（いずれにしても定量的に語ることはできませんが。）

「ものさし」がどこにもなかった

一般の方からすれば、そもそも放射線に「ものさし」がある、要は「程度問題」である、ということが理解されにくかったかもしれません。放射線や放射能はひたすら恐怖と忌避《きひ》の対象になってしまった。

事故直後、被災地に物資（食料や飲料水でさえも）が届かない、という報道を覚えておいででしょうか。福島ナンバーの車が他県の駐車場でいたずらされる、避難・引っ越し先でいじめを受ける、その他、あえて書きませんが、信じがたい排除の対象にされた方々がいます。

突然、福島第一原発事故とともに放出された放射性物質に汚染された。この放射線は自然放射線ではない、福島原発由来のものである。津波による全電源喪失がきっかけであるにせよ、あれだけ安全をうたってきた原発は、災害（地震か津波か双方かはともかく）をきっかけにあっけなく事故を起こした。

原発から飛散してくる放射性物質を浴びれば、確率は低いとされているにせよ、発がんやがん死の可能性が高まる。政府も東電も情報公開に後ろ向きで、報告と対策と展望を示さず、前言撤回が繰り返され、信頼の対象になり得ない、次々に「実はあの時……」が繰り返される。

マスコミ報道にしても、ニュース自体が商品である以上、センセーショナリズムとセンチメンタリズムに染まりがちでした。福島の地元紙と全国紙の違いも大きかったのですが、ほとんどの方は知る機会がなかった（地元紙を読んだり地元局の番組を見たりする機会は稀だったでしょう）。錯綜する情報の信頼度は低下し、もはや鵜呑《うの》みにはできない。多くの方が落胆の集積、諦《あきら》めのかたまりを抱え、大きな戸惑いと怒りがあったでしょう。

（ここで思い浮かぶのは、地震・津波・原発事故のいずれにも最前線で活躍した、作業員や自衛隊や警察をはじめとする専門技能集団の献身です。彼らの働きがあればこそ、被害の拡大は防がれたし、現に抑止《よくし》されていることは間違いありません。インターネット時代のコミュニケーションがどれほど発達し百家争鳴の様相を呈しても、現実を改善していく一つひとつの行動に敬意を抱き、頭《こうべ》を垂れるのはこういうときです。現在でも福島第一原発で作業員が、福島の多数の生産者と流通・小売業者が、被ばく量の計測と指導・相談にあたる医療関係者が、自治体の職員が、毎日状況改善の作業にあたっていることを忘れまい、と思います。）

藁《わら》にもすがる思いで「正確な知識」「間違いのない情報」「権威あるものの発信」に期待したものの、専門家のほとんども現実に圧倒され、自他のコントロールを失っていたので、可能性としてのリスクどころではなく、現実にクライシスが出現した、という感覚に襲われた方もおられたのかもしれません。

政府や東電の対応のまずさや、マスコミの報道もあって、少なくとも制御不能の大規模なクライシス、あえて言えば終末論的なカタストロフィがイメージされた時期さえあった、と思います。

「平時」の基準は使えない

ちなみに、私たち放射線医療の専門家が集まった「チーム中川」の中で、この事態が破局的だ、と心配したものはいませんでした。実際に測定された線量は非常に低いものだったし、これで健康被害が生じるなどと思えなかった。私たちの感覚と報道を介して見聞する世間の反応は、大きく乖離《かいり》していました。

ツイッターやブログである程度のフォロワーがいる（閲覧者がいる）などといっても、社会全体への訴求《そきゅう》はまことに微々たるものでした。（信用失墜は一瞬にして生じる、ということも経験しました。）

そんな中、2011年4月下旬、文部科学省は福島県内の小中学校や幼稚園などの暫定的な利用基準を公表しました。校舎や校庭を利用できるか否か判断する目安として、年間被ばく線量が20ミリシーベルトを超えないようにし、校庭の放射線量が毎時3・8マイクロシーベルト以上であれば屋外活動を制限することにしたのです。ところが、この「20ミリシーベルト」設定に批判が集中し、5月下旬には、文科省は「学校において年間1ミリシーベルト以下を目指す」と述べ、前言撤回、混乱に拍車をかけたのでした。

20ミリシーベルトを文科省が決めるまで、数値をめぐる大混乱はたしかにありました。「法令的には1ミリシーベルトではないか」という言い分が何度も出てきました。（ちなみに、日本の法律で、公衆の被ばく線量限度を1ミリシーベルトと規定したものはありません。しかし、放射線関連事業者に量的な規制をかけており、実質的には、平時における公衆の線量限度は1ミリシーベルトと言ってよいと思います。[*]

1ミリシーベルトというのは安全か危険かの基準ではない、ということをいくら言っても聞き入れてもらえない。「法律では1ミリシーベルトなのに」「放射線はほんのわずかでも人体に悪影響があるではないか」という反応が返ってくるばかりです。

原発事故直後、あるいは、長きにわたる収束期にあっても、公衆被ばくの線量を1ミリシーベルト以下に抑制できれば理想的です。理想的ですが、現実に放射性物質が放出され拡散し、除染が効率的に進まないのですから、放射性物質は「いまそこにある」のです。

そもそも、(幸いにして)急性期的・早発的な放射能障害を引き起こすような量ではない(量が百倍から千倍違います)。晩発《ばんぱつ》的な影響を引き起こす量でもない。

平時の基準をそのまま適用して、数十キロ圏にまで避難区域を拡大・強要すれば、生命・財産にどれだけの被害が起きるのか、少し冷静に考えればわかるはずなのです。

*――〔参考〕文部科学省「平成十二年科学技術庁告示第五号(放射線を放出する同位元素の数量等)」http://www.mext.go.jp/b_menu/hakusho/nc/k20001023001/k20001023001.html

放射能に無辜《むこ》の人々をさらして平気なのか、と罵倒《ばとう》されることが度々ありました。しかし、避難させればそれで事態は解決、などとどうして思えるのか、私は不思議でした。

数千人、数万人規模の避難がどれだけ困難か、に思いを致すべきです。そもそも、受け入れてくれる地域・施設はあるのか、移動の費用や当座の衣食住を調達できるか、避難した先でどうやって暮らしを立て直すのか、生活環境が激変して心身に不調を来《きた》すことはないのか、避難先からいつ戻れるのか、補償は受けられるのか、どこからいつまで補償は継続されるのか等々、途方もない難題が待ち受けているのです。

放射線医学と放射線防護学

私たちは昨年春、「チーム中川」というにわか編成の専門家チームとして、大小のメディアを介して「世間」に無防備に出ていったのです。誤解されないための、真意を受け入れてもらうための周到な準備ができていなかった。

ここで「周到な」とは、発信する側の意図と受信する側の意図の食い違いを防ぐ工夫をする、個人やチームであれ単独で発信するのではなく、専門家集団の連携を図る、政府・自治体のメッセージ作成に介入する、などです。

ことさらに悪意を投げかけてくる人々は、おそらくいつでもいる。そうした方々のことではなく、多くのごく普通の方々に言葉を届かせる工夫が足りなかったのでしょう。

放射線の専門家と言っても、医学に限っても放射線治療と放射線診断に分かれますし、医学的な治療・診断とは異なる、より専門的に放射線の人体影響を研究する放射線防護という学問もある。

本当は医学と放射線防護学が連携しなければならなかった。放射線防護学とは、平時と緊急時とを問わず、社会が（原発、医療、各種産業など多領域で）放射線利用を取り込んでいる現代にあって、放射線のメリットとデメリットをバランスし、人体への健康影響を極小化し、受容可能なものにすることを研究する学問領域です。

私も私のスタッフも、原発そのものに関する話は一切していません。エネルギー政策としての原子力について論じたこともありません。ただ、放射線の実測データを前提に、その人体影響を語っただけです。しかし、事故の過小評価であるとか、原発推進勢力（「原子力ムラ」）の回し者だとか言われる始末です。

望遠で撮影された水素爆発の映像が繰り返しテレビで流れ、核燃料のメルトダウンどころか燃料そのものが格納容器の外に出る（出た）のではないかとか、また、ホットスポットが各地で発見され、野菜や土壌や水や海の汚染が報じられる等々、情報が錯綜していましたから、原発事故と放射線の人体影響を切り離して伝えるのは、土台無理だったのかもしれません。やはり、(原子力工学は措《お》くとしても)放射線防護学の専門家との連携が必要でした。

ＩＣＲＰと放射線防護

放射線防護学の専門家にしても、放射線の専門医との連携が必要だったはずです。そもそも、放射線を人間が社会に取り入れてまだ百年(X線の発見は1895年)。以前は放射線防護の専門家などいませんでした。放射線専門医の団体があっただけです。各国の法令にその勧告が取り入れられ、世界的に信頼されている「国際放射線防護委員会」(ICRP)は、医学における放射線被ばくや事故の対策を考えるために生まれた民間学術組織。原爆や原子力発電所と無縁に、時間的にはだいぶ先立って、できた組織です。前身にあたる「国際X線およびラジウム防護委員会」(IXRPC)の設立は1928年です。

その後、原子力発電所の放射線防護を考えなければならなくなり、医師だけでは話ができなくなった。原発周辺の住民や、原発作業者の放射線防護が課題になったのです。草創期の医師たちとは異なる専門家が生まれたわけです。医師は被ばくのリスクを日常的に負っていますが、この新たな専門家は、自分の被ばくを語らない被ばくの専門家です。

当初、当事者（医師と患者）の問題だった放射線被ばくが、多数の原発作業員に対する「業務問題」にもなってきた。ここでは、放射線被ばくを金銭的に評価することも必要となりました。このための尺度として、ときどき耳にするようになった「直線しきい値なしモデル」（LNT＝Linear Non-Threshold）は非常に便利だった。LNTモデルは、こうした歴史を引きずっていると思います。

緊急時である、平時にあらず

ただ、昨年3月以降、私たちは「平時」ではないということは認識していました。ICRPの言う「公衆被ばく、年間1ミリシーベルト」というのは平時（ICRPの用語を使えば「計画被ばく状況」）の考え方です。事故もなく、放射線源（原子炉の核燃料）が管理できていることが前提。

しかし、3月の福島第一原発事故以降、少なくとも日本は平時から非常時に移行した、と認識しています。非常時には相応の対応が求められます。医療で言えば、トリアージを考えれば理解いただけるでしょうか。

私たち放射線治療の日常は、必ずしも法律どおりではありません。例えば自分の被ばくについて「1ミリシーベルト以内だったら安心」なんていう人は一人もいない。10ミリシーベルト程度であればほぼ無視しうる。実際にそう判断し、そう行動しているのです。

被ばくの「有無」ではなく、現実の被ばく「量」が問題です。こういう感覚は、しかし、きわめて例外的なものには違いない。

私たちのような少数派の専門職と、世間一般とはまったく（リスク認知の）土俵が違うということを、その後、よく考えるようになりました。昨年の事故直後、私にこの点で、想像力の欠如はあったかもしれません。

ツイッターとマスメディアの作法

そしてそのことと関係があるかもしれませんが、私たち「チーム中川」に、不用意な情報発信は（いくつかに限られるものの）たしかにありました。例えば、「水に含まれたヨウ素131は煮沸させることで幾分取り除くことができます」とツイッターに記したことがある（2011年3月23日、翌24日に訂正）。東京の金町《かなまち》浄水場から放射性ヨウ素131が検出された時期です。検出量は健康影響を心配する必要のないものでしたが、微量の放射性ヨウ素が水道水に含まれていることがどうしても心配であるなら、対策を提示しようと思ったのです。早計《そうけい》でした。

また、ツイッターという媒体（場）に不慣れで、断章を連投するような形式を使っていたため、端的な誤りとは別の、意図せざる誤解も蔓延《まんえん》しました。

連続したツイート内のあるツイートだけ、あるいは、その一部を切り取られて引用されたりリツイートされると、20万人、最大で30万人程のフォロワーに読まれるだけでなく、多数の読者から（誤解を誘発しかねない）情報が拡散されていく。そのことをある方から懇切に指摘され、ブログでの発信に切り替えました。

ツイッターに振り回されていた頃、ずっとテレビに出演していました。朝出て、夕方出て、夜出て、また深夜に出る、という日さえありました。テレビですので、与えられる時間がだいたい数十秒。場合によっては数秒。基本的に全部生放送ですから、要は「魚は大丈夫です」という言い方をするしかない。ワンフレーズです。

それでも私の場合には、まがりなりにも「尺」の中で全部話せる。欠かすわけにはいかない仕事があって、代役を頼んだことがありますが、丁寧に前提から話そうとして時間が足りず、話の途中で終わってしまうことがありました。これはまた別の意味で問題を引き起こし、放送事故のように映る。そんな反省もあり、テレビ局から要請があれば私が出向くことにしたのです。代役を頼んだ部下には申し訳ないことをしました。

まともに話せたのは「ニコ生」*くらいです。聞き手の津田大介さんがよく勉強しておられただけでなく、番組放送中に画面に流れる視聴者の反応を適宜拾い上げながら、非常に落ち着いてさばいてくださったと思います。これは2011年7月14日のことで、「これから私たちはどのように放射能と向きあって生活をしていけばいいのか!?」と銘打たれていました。結語で私は「正しいと思うことをお話しするしかない」と申し上げた記憶があります。

私が頻繁にマスコミに呼ばれたということは、多くの放射線の専門家が尻込みしたということでもあります。自称専門家ではなく、本当の意味での専門家、あるいは放射線医学者や放射線防護学の研究者は、私が言っていることは正しいと言ってくれる。ではは、あなたも発言してくれと頼んでも、聞いてもらえませんでした。私のように「御用学者」になってしまうからです。あんな目に遭《あ》いたくない、ということなんでしょう。メディアへの露出によって「御用学者」扱いされる当時の雰囲気は、有為《ゆうい》の研究者にとっては尻込みするに十分な環境だった、と言えます。

プルトニウムは飛ばない？

プルトニウムは飛ばない、とテレビで発言したためにさんざん批判されましたが、これは間違っていません。福島第一原発の敷地の外に、広範囲に放出される条件はなかったのです。

プルトニウムにしても、ストロンチウムにしても、事故後各地で観測されたものは、そのほとんどが１９５０〜60年代に盛んに行われた大気圏核実験による降下物《こうかぶつ》です。当時、アメリカ、ソ連、イギリス、フランス、中国などが実験を行っていました。大気圏内の核実験だけで５００回を数えると言います。核爆発後、火球の一部は成層圏にも達し、ジェット気流に乗って拡散・降下し、世界中に沈着《ちんちゃく》したのです。もちろん、日本にも降下しました。

＊――「ニコニコ生放送」の略。「リアルタイムで配信される映像を視聴しながら、コメントやアンケートを楽しむことのできる、ネットライブサービス」（wikipedia）。

50年前のプルトニウムの降下量は、現在の1000倍です。核実験の場合と、福島第一原発事故による放射性物質の放出とは、規模も拡散経路も異なるのです。

ちなみにこれを理由に、私は訴訟を起こすと言われました（「御用学者発言撤回訴訟」）。いまだに訴状は届いていませんが。

この訴訟騒ぎと関係があるようですが、クリス・バズビーの名前で6800円のカルシウムを売ろうとした人々があって、そのとき、福島第一原発由来のストロンチウムが大量に見つかれば、都合がいい。

ストロンチウムは純ベータ線放出核種と言って、ガンマ線を出しません。ホールボディカウンター（WBC）はガンマ線を測定します。精度のばらつきはあれ、放射性セシウム134、放射性セシウム137であれば簡単に測れます。セシウムはベータ線も出すし、ガンマ線も出す。セシウムが出すガンマ線とベータ線の比率はわかっていますから、ガンマ線を（WBCなどで）測定すれば、どれくらいのベクレル数かというのがわかるわけです。（物理量としてのベクレルから、健康影響を測る単位シーベルトへの変換もできます。）

ところが、ストロンチウムはベータ線しか出さないから簡単には測定できない（放出されたセシウムに対して最大100分の1ぐらいあると言われます）。ベータ線とガンマ線の違いは、同じ放射線でも、ベータ線は物の中では数ミリメートルで止まってしまう。ですから、身体の中に入っても、あるいは、汚染の疑われる土壌を持って来ても測定しづらい。非常に専門的な液体シンチレータという方法で測ります。

ストロンチウムが大量に放出され、降下している、ということになれば、簡単に測定できないから、むしろ、彼らにとっては好都合だったのです。ストロンチウムが飛ばないと不安を煽《あお》れない、と考えてのことでしょうか。繰り返しですが、私は彼らに訴訟を起こすと言われたのでした。

プルトニウムはセシウムやヨウ素のようには飛散していません。

文部科学省は今年（２０１２年）８月21日、東京電力福島第一原発の半径１００キロ圏内を調査した結果、10地点で、原発事故由来のプルトニウムが測定されたと発表しました。

最も遠いのは原発から北西に約33キロ離れた飯舘村内で、半径45キロ圏外にはプルトニウムが飛散していないことが確認されています。

「遠く」とは何を指すかは定かではありませんが、飛んだことは飛びました。これはストロンチウムでも同様です。ただし、その量や飛散の範囲は非常に限定的で、健康被害を与える量ではありません。

一方、かつて頻繁に行われた大気圏核実験によって成層圏にまで達したプルトニウムは、徐々に地表に降下しています。まさに、地球規模で（実験場からはるか遠くまで）飛んでおり、その降下量については、1960年代は今の1000倍にも上りました。私たちはこうした環境で育ってきたわけで、今回の事故によるプルトニウムの飛散は全く無視できるレベルです。「プルトニウムは重いので遠くには飛ばない」は間違っていなかったと思います。

私たちの失敗①

先に少し触れたように、「水に含まれたヨウ素131は煮沸させることで幾分取り除くことができます」とツイッターに記したことがあります。これは端的に誤りでした。ご指摘を受けてすぐに確認、翌日には訂正したのですが、この誤りが信頼性を欠く兆候（証拠）と流布《るふ》され、「安全デマ」などという称号まで頂戴したわけです。

もうあまり読まれることもなくなっているので、以下、ブログの記事を再録しておきます。ツイッターでの投稿をそのままブログに移行したもの。掲載翌日の訂正記事も原文そのままです。（以下、本書でのブログ記事などの引用では、一部の数字や単位が横倒しになっておりますが、原文尊重のための措置としてご容赦ください。)

２０１１年03月24日

水道水中のヨウ素からの被ばくについて

(twitter更新日2011.3.24の再掲)

3月23日、東京都葛飾区金町にある都の浄水場の水から210 Bq/L(1リットルあたり２１０ベクレル)の放射性ヨウ素１３１が検出されました。

水道水中の放射性ヨウ素濃度の上昇は、空気中のヨウ素が昨日の雨と共に江戸川などの河川に流れ込んだことによると考えられます。

原子力安全委員会が定めた飲食物摂取制限に関する指標値は、300 Bq/Lとなっており、210 Bq/Lは基準内です。ただし、食品衛生法に基づく乳児の飲用に関する暫定的な指標値の100 Bq/Lを超えてしまっています。

このため、東京都は、23区と武蔵野市、町田市、多摩市、稲城市、三鷹市の都民に対して、乳児に限って水道水の摂取を控えるよう呼びかけました。(注１をご参照ください。)

これを検証しましょう。もし210 Bq/Lが長期間続くと仮定し、成人でが《〔ママ〕》この水を毎日１リットル飲むとすると、約１年間飲み続けた場合に１ミリシーベルトに達します。本来は、ヨウ素は「崩壊」によってどんどん減っていくので、実際はもっと少ない被ばく量になります。

人体に被ばくの影響が出てくると言われている線量は１００ミリシーベルト（累積）です。つまり、210 Bq/L（１リットルあたり２１０ベクレル）のヨウ素が含まれる水道水は、一年間飲み続けても、人体に被ばくの影響が出てくる線量の1/100程度ですから、問題のないレベルであることが分かると思います。

胎児と乳児でも、少なくとも10ミリシーベルト（累積）以上の被ばくがないと、身体的な影響が生じないことが知られています。乳児の場合、粉ミルクなどで、一日１L飲むとすると、約1年で、やっと10ミリシーベルトに達する計算になります。

3月23日以降、水道水を飲み続けていると心配される方がおられるかもしれませんが、上で示したように、乳幼児、成人ともに、全く問題のないレベルです。

【水道水の煮沸によるヨウ素低減の効果の有無について】

放射性ヨウ素１３１に汚染された水道水を「煮沸」（しゃふつ）することについて、

私たちは、当初の見解を撤回しました（3月24日）。その上で、煮沸を「ただちに止めるよう」お願いいたしました。（以下に続く、一連の投稿をご参照ください：http://bit.ly/fgt5jw）

3月24日来、多数の方から、「水を煮沸することで、水中の放射性ヨウ素の濃度が上がるため、煮沸は好ましくない、というのであれば、調理・料理もやめるべきではないだろうか」というお問い合わせを多数頂戴していますので、お答えしたく存じます。

我々は、放射線医学総合研究所の環境放射〔能〕の専門家にお願いし、煮沸による水道水のヨウ素濃度変化を検証する〝実験〟を行いました。その結果、煮沸することによって、ヨウ素があまり気化せず、水だけが気化し、水道水のヨウ素濃度は高くなる、という結果になりました。

ただ、注意すべきは、煮沸によって水道水のヨウ素濃度が高くなる、といっても、

注1――23日以降、国の指標を上回る放射性の「ヨウ素131」が検出された自治体では、26日までにいずれも数値が国の指標を下回りました。3月29日現在では、福島県の一部の自治体以外、乳児に対する摂取制限はいずれも解除されています。

煮沸した水に含まれるヨウ素の全体量が増えるわけではありません。水が蒸発により減っただけですので、煮沸した水を全部飲んだとしても、ヨウ素の摂取量は、煮沸前後でほとんど変化がない、ということを理解して頂けたらと思います。

つまり、煮沸によって水道水中のヨウ素の全体量が減らせるわけではないので、わざわざ普段以上の時間をかけて余計に煮沸する必要性は全くありません。調理、料理、哺乳びんの煮沸、消毒等、普段通り行って頂けたらと思います。

また、大前提として、人体に影響の出てくると言われている被ばく量100ミリシーベルト（累積）に比べると、今水道水中の放射性ヨウ素からの被ばく量は、【水道水中のヨウ素からの被ばくについて】で示したように、健康に影響を与えるレベルではないことを重ねてご理解頂ければと思います。

（http://tnakagawa.exblog.jp/15135758/）

以上がブログ（ツイッターの再編含む）の再録です。

たしかに、福島第一原発から遠く離れた東京の金町浄水場から放射性ヨウ素131が検出されたため、報道は過熱していました。飲料水が汚染されればたいへんな事態を招く。小さなお子さんを抱える親御さんを筆頭に、ご心配はもっともです。

しかし、検出された放射線量は微量で、健康影響はないと思われた。数値を読み慣れている専門家を別にすれば、「あり／なし」「危険／安全」の二元論に傾斜して不思議はないわけです。広義にはリスク論の領域になり、私は専門ではありませんが、あのとき「ゼロリスク」の幻想と弊害を説く必要があったのだと思います。

私たちの社会は、現実に、実態として、「ゼロリスク」を排除して、つまり、ある程度のリスクを分有する（分かち持つ）ことで成り立っています。私が従事している医療行為にもリスクはつきもので、根本的には排除不可能です。予見不可能な医療事故などの事態はいつでも生じる可能性がある。

しかし、昨年3月、前代未聞の事態に直面し、「微量でもあるものはある、危険は予見できないではないか」という論調が支配している中では、「ただちに健康に影響はない」という主張は、いかにも詭弁《きべん》を弄《ろう》しているように聞こえたのだと思います。

さて、この「放射性ヨウ素131煮沸」誤認は、私の大きな過誤として吹聴《ふいちょう》され流通し、いまだに怒られています。指摘を受けて実験し、間違っていたから詫びた。間違ったではないか、専門家面して悪事をなす、ということで、いまだに「あいつらはデマを流す」と指弾《しだん》されるのです（誠実だと言ってくれる人もいますが、言い訳にもなりません）。

自分では読んでいないのですが、ある大学の先生は、インターネット上の記事をしょっちゅう書き換えるようです。ミスがあると書き直してしまう。ネットではそうした痕跡《こんせき》を残す仕組みがあって、第三者に発見され、公開されてしまう。その結果、どれだけ発言が変化し、改竄《かいざん》しているか、暴かれてしまうというのです。不幸なことです。

私たちは、そういうことはしていません。ブログ上の以前の記事は（誤りであったことを付記して）そのまま残しています。それでも発言の資格なし、退場せよ、と言われたら、抗弁する気力さえ起きません。誤りとその（計量化できない）影響に関してはお詫びしますが、以後発言すべきでない、については賛同しかねます。

事後的に間違いさえ認めれば、その時々に適当なことを言ってもよい、と開きなおっているのとは違います。政府やマスコミと並んで、（原子力工学であれ放射線の専門家であれ）業績ある研究者への信頼が、これほど広範に、これほど一気に失墜《しっつい》したことはなかったと自覚しています。

外来や入院中の患者さんと接することは日常的な業務ですし、従来からがんの知識の普及啓発に力を入れていますので、多くの講演会に出向きます。アカデミズムや医療関係者の中では比較的一般の方と接する機会が多いほうでしょう。それでも、特定少数と不特定多数では、言葉の届き方が全く違う、ということに思い至らなかった。メッセージは手渡されない。メッセージは迂回《うかい》し、その過程で変形し、文脈を切り落とされて(よれよれになって)誰かの手許に辿り着く、これが実態でした。

以上、誤解のないように付け加えておけば、専門家と一般の方々とでは、情報や知識の量と質に関して隔絶しています(非対称的です)。専門家の言葉は下駄を履《は》かされているのです。少なくともこれまではそういう建前になっていた。検証されずに流通してしまっている面がないとは言えない。そうであればなおさら、専門家が一般に向けて発信するときには、(アカデミズム内部の批判とは別の)厳しい吟味にさらされるべきでしょう。公的な発言の一種として、罵倒《ばとう》ではなく批判がされるべきです。そうした認識と苦い反省が、「安全デマ」の罵倒とともに、私に到来したのです。

私たちの失敗②

100ミリシーベルトの被ばくで、がんによる死亡率が0・5%上乗せされる(一瞬の被ばくではなく、線量・線量率の低い放射線を時間をかけて被ばくする場合)——これがICRP(国際放射線防護委員会)のリスク評価です。

被ばくの確率的影響として、固形がん、白血病、遺伝的影響があげられますが、このうち遺伝的影響は動物実験ではデータがあるものの、人間の場合には報告がありません。低線量被ばくの積算線量100ミリシーベルトの健康影響について、注意すべきは発がんなのです。

この知見は、広島、長崎の被爆者の貴重なデータをもとに、半世紀以上にわたって積み上げられてきた研究（LSS＝ライフ・スパン・スタディ、生涯にわたる調査という意味。「寿命研究」と呼ばれます）の成果であり、国際的なコンセンサスです。異論はありますが、それらは学術的な信頼度の低いもので、私たち放射線治療医や放射線防護の専門家で相手にする人はまずいません。

さて、私たちは2011年3月29日、以下のようにブログに記し、その後これを訂正しました。

さて、実効線量で100 mSv~150 mSv（ミリシーベルト）以上の被ばくになると、発がんの確率が増していきますが、100 mSv（ミリシーベルト）で0.5％の上乗せにすぎません。200 mSv（ミリシーベルト）では1％と、線量が増えるにつれ、確率は〝直線的に〟増えるとされています。［付記：これはその後削除した文章です

ので、誤りが含まれています。ご注意ください。」

（http://tnakagawa.exblog.jp/15130220/）

以下が訂正記事です。

［訂正（2011.8.4）］

学習院大学の田崎晴明先生をはじめとする皆様からご指摘を頂き、記事を訂正しました。「発がんリスク」ではなく、正しくは「生涯累積がん死亡リスク」とすべきでした。お詫びして訂正します。訂正に時間を要したことについてもお詫びします。

［削除した文章］

さて、実効線量で100 mSv~150 mSv（ミリシーベルト）以上の被ばくになると、発がんの確率が増していきますが、100 mSv（ミリシーベルト）で0.5％の上乗せにすぎません。200 mSv（ミリシーベルト）では1％と、線量が増えるにつれ、確率は〝直線的に〟増えるとされています。

しかし、日本人の2人に1人が、がんになりますので、もともとの発がんリスクは約50％もあります。この50％が、50.5％あるいは51％に高まるというわけです。

［差し替えた文章］

さて、実効線量で100 mSv~150 mSv（ミリシーベルト）以上の被ばくになると、がんで死亡する確率（生涯累積がん死亡リスク）が増していきますが、100 mSv（ミリシーベルト）で0.5％の上乗せにすぎません。200 mSv（ミリシーベルト）では1％と、線量が増えるにつれ、確率は〝直線的に〟増えるとされています。

日本人の生涯累積がん死亡リスクは、2009年データに基づくと、男性26％、女性16％になりますから、男性の場合、100 mSvの被ばくで、がんで死ぬ確率が、26％から26.5％に増加することになります。（ICRPのデータは、男女別に計算されていないため、見かけ上、男女の感受性に差があることになります）

（http://tnakagawa.exblog.jp/15130220/）

ポイントは、100ミリシーベルトの被ばくによって、「発がん率」ではなく、「がんで死亡する確率（生涯累積がん死亡リスク）」が0・5％上乗せされる、ということです。いわば国際標準となっている国際放射線防護委員会（ICRP）のリスク評価によれば、100ミリシーベルトの被ばくによって、生涯にがんで亡くなる（あるいはそのくらい重篤《じゅうとく》ながんに罹患《りかん》する）確率が0・5％増える、ということ。

ちなみに、現在の日本では「累積がん死亡リスク＝生涯でがんで死亡するリスク」は、あらゆるがんを合計して、男性で26％（4人に1人）、女性で16％（6人に1人）です。詳しくはがん情報センター（国立がん研究センター）の「最新がん統計」*をご覧ください。

最初のブログの記事の一部（累積がん死亡リスクを発がんリスクと記載したこと）は端的に誤りでした。ご指摘を受けて訂正しましたが、訂正までに時間がかかってしまった（掲載は3月29日、修正が8月4日）。これには、当時、私の周囲の専門家の意見を集約できなかった、という事情があります。

私たちチームの中の医学物理士には、100ミリシーベルトというものに対して「健康影響は大きくない」という感覚があった。彼らは放射線に対する「ものさし」はきちんと持っている。「量の感覚」は骨身にしみています。自分が被ばくする線量もガラスバッジで管理しているし、患者さんに照射あるいは投与する（桁違いに大きい）線量の管理も行っている。

ただ、医師ではないので、患者さんと接することがない。その点で、ある専門知識が一般の方にどのように受け取られるのか、配慮が不足していたと現在では思います。

*——http://ganjoho.jp/public/statistics/pub/statistics01.html

そして、なにより私が厳密にチェックし、誤りのご指摘があれば即座に意見を徴し、集約し、記事を修正すべきだったと思います。私も放射線の量の感覚はスタッフと共有しているし、彼らの気持ちもわかる。それ故に、修正が遅れたのです。深く反省しています。

福島第一原発事故由来の放射線による健康影響を多くの方々が心配しており、専門家の説明も政府の説明も納得のいくものと受け取ってもらえなかったからこそ、不安は鎮《しず》まることなく拡大していった。

ある臓器への影響を測る等価線量ではなく、全身への影響を評価する実効線量という単位で言うところの100ミリシーベルトのリスクの内実は、がんリスクのわずかな上昇である——ここで言われているがんリスクは「発がんの確率」ではなく、「がんで死亡する確率（生涯累積がん死亡リスク）」であったこと、この違いを明確に把握し、説明すべき立場にありながら、それができなかったのです。

何をもって発がんと呼ぶか

付言しておきますと、この場合、発がんというのは、がんが見つかる診断（の機会）

を指します。がん細胞がある人物の体内に1個できたら、それを発がんと呼ぶことはありません。そんな定義を採用したら、いま生きている人間は全員がん(に罹患していること)になってしまう。

がん細胞は、日常的に、だれの身体でも発生しています。細胞分裂の過程で、突然変異によって生じたがん細胞は、そのまま増殖せずに死滅することもあるし、免疫機構によって攻撃され排除されることもある。その生き残りこそ、がん細胞の塊《かたまり》へと増殖していくもの(=やがてがんと診断される予備群)なのです。

がん(固形がん)は、たった一つのがん細胞から増殖をはじめ、医学的に診断されるまで、おおよそ10年から20年という長い時間がかかります。ゆっくりと約1センチの大きさになっていくのです。1センチにならなければ、現在の医療技術ではその塊を発見することができません。

臨床的にがん細胞の塊が見つかる、ということを「発がん」と呼ぶのです。がん細胞が1個発生した時点で「がん」とは呼びません。また、検査で見つかるということは、実はどれだけ詳しく検査するか、に大きく依存します。

高齢者の前立腺がんが典型ですが、たしかにがん細胞の塊はあるものの、特段の治療も不要、手術はデメリットのほうが大きい、という場合も多いのです。(これは追って述べる過剰診断とも関わりがあります。今後、福島で懸念される事態の一つです。）

専門性が問われた場面

さて、本題に戻ります。昨年2011年3月のこの場面で、リスク・コミュニケーションの一つのあり方が私（たち）に問われていたのだ、と今思うのです。「がんで死ぬ」のか「がんが発生する」のか、では全然違う。がんは不治の病ではなくなって、初期であれば、簡単な手術や放射線治療によって完治する場合が多い。それが実態です。しかし、「発がん」と「がん死」を専門家（の一部）は些細《ささい》なことだとつい思ってしまった。

「プルトニウムは飛ばない」については、原則として正しい。しかし、大気圏内で無謀な核実験が行われていた事実もあるし、チェルノブイリでもはるかに広範に放射性物質は拡散した。その理解をテレビの視聴者に促し、福島第一原発事故では起こりえない、と伝えるべきだったと思います。

福島の場合、水素爆発が起きたにしても、原子炉の構造の違いなどから、放射性物質が成層圏にまで達して日本はおろか海外にまでプルトニウム等が飛散する事態は考えられなかった。敷地内だって「飛ぶ」ではないか、と言われればそうでしょう。少なくとも、プルトニウムは首都圏まで飛ばない、ストロンチウムは飛ぶ可能性がある、そう言うべきだったかもしれません。

原発事故後の対応が、マニュアルどおりすぎて、本来機能すべき現地の防災センターや、災害対策本部がまったく機能しなかった。それで自衛隊だけが的確な行動をとったと言われていますが、しかし、確たる基準がない中で、たぶんマニュアルになかったので、何をどうしていいか、きっとみんな右往左往したでしょう。２０１２年８月に一部が公開された東京電力本店と現場のやりとり（「テレビ会議録画映像」）などにも、そうした実態は見て取れます。

しかし、現場ではしかるべき基準を立てて対応した人が大勢おられました。放射線医学総合研究所の研究者、広島大学、長崎大学、福島県立医科大学の先生方もそうです。東京から憶測《おくそく》でものを言うのと違って、切迫した状況の中で、被ばくの健康影響を見積もり、多くの問い合わせに応対し、実測データを整えるために奔走《ほんそう》しておられた。東大病院の放射線技師も現地で測定等に参加していますし、医学物理学会のメンバーも参加しています。

また、文部科学省が公表している「放射線量等分布マップ（線量測定マップ）」にしても、計測器が自動的に集計しているわけではなく、データ収集とその解析と公表に（事務官や技官だけでなく）多くの機関・組織や専門家が協力しています。検討会にも専門家は参加しています。

放射線治療の専門医は、全国でわずかに千名程度。それに対して、外科医は10万人です。ですから、どうしても手が足りない。医者が出ていくことはなかなかむずかしい。しかし、いざという時には、「放射線取扱主任者」の資格を有しているので、私も現場（福島第一原発）に出向かなければならないかもしれない、と覚悟はしていました。

当時も今もなかなか報道されないことなのですが、放射線医療チームの医学物理士や放射線技師たちが、この事故に際して何をして、どんな貢献をしたのか、どういう経験で、どんな課題を受け取ってきたのかということが知られていません。（貢献は今も続いているので、過去形で記すのは不適切です。）マスコミやインターネットで語る人もありますが、対外的に言葉を発信しないまま対策に従事している専門家は多い。今も続く福島の「現存被ばく状況」の中で、多くの人々の尽力によって、復興が目指されています。

1年を過ぎる頃から、福島県と福島第一原発事故に対する世間の関心がやや薄れつつあるように感じますが、それでも、健康調査や不安を抱える方々の診察・治療、また、外部被ばく・内部被ばくの測定などは、今後十年単位で継続していかなければならない。予算も人員もおおいに不足していますので、破綻《はたん》しないのが不思議なくらいなのです。

医療と情報発信

チーム中川のメンバーの多くは医者です（8人）。医学物理士は2人、学生（院生）が少し。この体制ですので、通常業務を担いながら、ツイッターあるいはブログの記事発信をしていたため、休日もなく夜中まで病院に詰め、あるいは、メールを駆使していたと記憶しています。

放射線の人体影響の基礎を理解してほしい、という思いで始めたことなので、ツイッターの第一報は以下のように始まっています。2011年3月15日です。

東大病院で放射線治療を担当するチームです。医師の他、原子力工学、理論物理、医学物理の専門家がスクラムを組んで、今回の原発事故に関して正しい医学的知識を提供していきます。(https://twitter.com/team_nakagawa/status/47613380940414976)

この投稿を含むツイッターを整理し、以下をブログにアップしています。かなり長いものですが、先に述べたように、今は読む人も少ないので記録として残します。

2011年03月15日

福島原発における放射性被ばくの解説

（twitter 更新日 2011.3.15~20 の再掲）

東京大学医学部附属病院放射線科の中川恵一です。

東北関東大震災の被災者の皆様に心よりお見舞い申し上げます。現在、東大病院で放射線治療を担当するチームの責任者をしており、医師の他、原子力工学、理論物理、医学物理の専門家がスクラムを組んで、今回の福島第一原発事故に関して正しい医学的知識を提供していきます。

2011年3月15~19日現在の状況を踏まえた事故に関するコメントを若干整理してまとめました。ご参照ください。

【放射線と被ばく】

放射線とは電離を与える光や粒子のことです。

多くの放射線は、ものを通り抜ける能力を持ちます。そしてこれをあびる量が多くなると、遺伝子にダメージを与え人体に影響を及ぼすことがあります。

放射線を出す能力を放射能、それを持つ物質を放射性物質と呼んでいます。

今回の原発事故では原発から放射性物質が飛散しています。これは大きな杉の木から花粉が飛散している状態と似ています。ただし、放射性物質は目に見えません。

花粉を避けるには窓を閉めて花粉を部屋に入れないことです。

しかし、この放射性物質からの放射線は窓や壁を突き抜けるため、花粉から出る放射線を避けることは、原理的にはできません。

また、体の中に取り込む可能性もあります。体内から被ばくする事を内部被ばくと言います。体の外からあびる外部被ばくより深刻です。

花粉と同じように放射性物質を体にたくさんついた状態で帰宅されたら、服を脱ぐ事、体を洗う事が重要です。また、外出する時は、ぬれたタオルなどで口や鼻をふさぐと安心です。

テーブルの上に置く果物などには、ラップをかけ、食べる前に洗うとよいでしょう。窓を閉めても意味がないというのは勘違いです。窓を閉めることは大きな意味があります。さえぎる物があると放射性物質の侵入を防げます。外からの放射線の影響も弱まります。

そもそも、放射線の被ばくがある、ない、という議論は無意味です。なぜなら、ふつうに生きているだけで、私たちはみんな〝被ばくしている〟からです。

世界平均で1年間に2.4 mSv「ミリシーベルト」という量の放射線をあびます（大気、大地、宇宙、食料等から発せられる放射線から受ける被ばくを自然被ばくと言います）。mSvは「ミリシーベルト」と呼びます。ミリシーベルトは、放射線が人体に与える影響の単位です。ミリ（m）はマイクロ（μ）の千倍です。1 mSv = 1000 μSvです。

自然被ばくは国や地方によって違い、イランのラムサール地方は10.2 mSvの放射線を一年間であびています。つまり年間10200 μSvの被ばくがあります。逆に少ない所もあります。

2011年3月15日、東京周辺では、1時間当たり1 μSv程度の放射線が観測されています。これは、大気、食料などから普段あびている自然被ばくと比べるとどの程度のものになるでしょう？

現在の東京に100日いると、2.4 mSv = 2400 μSvあびることになります。つまり、昨日の状況が続くと、普通は1年であびる放射線量を１００日であびることになります。通常の3倍程度の放射線をあびることになるということです。

まず、この放射線量が医学的にどの程度の影響を持つ量なのかを考えたいと思います。

200 mSv（ミリシーベルト）つまり200,000 μSv（20万マイクロシーベルト）が医学の検査でわかる最も少ない放射線の量と言われています。症状が出るのは、1,000 mSvすなわち1,000,000 μSv（百万マイクロシーベルト）からです。極端な例ですが、全身に4,000,000 μSv（4百万マイクロシーベルト）あびると、60日後に50％の確率で亡くなります。

もっと低い放射線量では、症状もなく、検査でも分かりませんが、発がんのリスク*は若干上がるだろうと想定して、その管理を行なうべきだとされています。ただし、およそ100 mSv（ミリシーベルト）の蓄積以上でなければ発がんのリスクも上がりません。危険が高まったとしても、100 mSvの蓄積では極めて僅かな増加と考

*──２０１２年9月付記：先に記しましたように、この部分の「発がん」は「生涯累積がん死亡リスク」と読み替えてください。誤りでした。

えられます。（0.5％程度の増加を想定して管理）

そもそも、日本は世界一のがん大国で、2人に1人が、がんになります。つまり、50％の危険が、100 mSvあびてもほとんどそのがんになる危険性は変わりません。タバコを吸う方がよほど危険です。現在の1時間当たり1 μSvの被ばくが続くと、11.4年で100 mSvに到達しますが、いかに危険が少ないか分かると思います。

【線量と線量率の違い】

さて、放射線の量をお風呂のお湯に例えてみます。

「1時間当たり何ミリシーベルト」といったり「1年当たり何ミリシーベルト」といったりする場合、その量は「蛇口から流れ出るお湯の出方」を意味します。値が大きければ、激しく流れ出ていることになります。

そして、たまったお湯の量が、ただの「何ミリシーベルト」という値です。上の例では、11.4年かけてぽたぽたと100 mSvのお湯がたまったことになります。

でも、ここで注意が必要です。数分で、一気にためたお湯と、11年かけてためたお湯では、量は同じでも、放射線の場合には、人体に与える影響は、全く違うのです。生物のDNAは、放射線で一時的に壊されても、すぐに「回復」が起こるのです。1μSv/h（マイクロシーベルト／時間）という「線量率」では、傷つけられたDNAは、ほとんど回復するため、医学的にほぼ影響がありません。もちろん、今後も影響が全くないとは言えません。

【放射性ヨード〔放射性ヨウ素のこと／引用者〕について】

今回の原発事故により福島県内などで放射性ヨード、セシウムが微量ながら検出されております。これはウランの核分裂により作られたもので、風や雨により到達したものと思います。ただし、非常に微量なため、現時点では健康被害は全くありません。

甲状腺とはヨードを取り込み、それを材料にして甲状腺ホルモン（体のアクセルとなるホルモン）を作る臓器です。

放射性ヨードは、甲状腺がんや甲状腺機能亢進症《こうしんしょう》（バセドウ病）の治療に使われます。ただし、これら医療用に使われる放射性ヨードの量は現在、各地で空気や飲料水1リットルから1時間に検出されている量と比べて桁違いに高い（1000億〜10兆倍程度）量です。

バセドウ病は、甲状腺ホルモンが過剰に産生される病気で、内科的治療でコントロールできない場合、正常の甲状腺細胞に放射線ヨードを取り込ませることで甲状腺細胞にダメージを与え、過剰になった甲状腺機能を抑えます。放射性ヨードは、「クスリ」にもなると言うことです。また、多くの甲状腺がんにも、甲状腺細胞ほどではありませんが、ヨードを取り込む性質が残されており、バセドウ病と同様に、放射線ヨードを口から飲むことで、がんの治療が行われます。この場合、正常の甲状腺が残っていると、放射性ヨードが、正常の甲状腺細胞にばかり集まってしまいますので、甲状腺を全部摘出することが必要です。

現時点での原発事故による放射性ヨードの心配をする必要はありません。医薬品であるヨウ化カリウム製剤も、現時点では服用する必要はありません。ましてや、消毒薬のイソジン（ヨードを含む）を飲むなど、絶対にやめて下さい。それに伴うアレルギー、甲状腺機能異常などの副作用の方がずっと心配です。

＊首都圏の環境放射線が、一時、毎時1マイクロシーベルトにまで上昇し、今後どんどん値が上昇して行くのではないかと心配された方もおられたかもしれません。しかし、3/16以降は、たとえば、東京で、毎時0.052–0.053マイクロシーベルトと平常時に戻っています。神奈川、千葉、埼玉なども同様です。

【内部被ばくの見積もり（I-131の場合）】

内部被ばくが実際にどの程度の影響があるのか、という質問が多いので、それについてご説明します。

私たちは、大気、大地、宇宙、食料等からも日常的に放射線を浴びています。これを「自然被ばく」といいます。放射性物質を含む水や食物を体内に取り込むと、体内の放射性物質が、体内から、放射線を発します。この日常的な水や食物からの内部被ばくは、主にカリウムによるものです。

カリウムは、水や食物などを通して、私たちの体の中に取り込まれ、常に約200g存在します。その内の0.012%が放射能を持っています。すなわち日常的に360,000,000,000,000,000,000個の〝放射性〟カリウムが、体内に存在しています。

〝放射性〟カリウムは、体内で1秒間当たり6,000個だけ、別の物質（カルシウムまたはアルゴン）に変わります。これを「崩壊」と呼んでいます。そして、崩壊と同時にそれぞれの〝放射性〟カリウムが放射線を放出します。これが内部被ばくの正体です。1秒間あたり6,000個の崩壊が起こることを、6,000Bq（ベクレル）と言います。

例えば今、〝放射性〟ヨウ素が、観測によって各地で検出されています。その〝放射性〟ヨウ素が含まれた水を飲むと、内部被ばくが起こります。この影響はいったいどれくらいでしょうか？

福島原発から約60 km離れた福島市の18日の飲料水に含まれていたヨウ素の崩壊量は、最大で1 kgあたり180 Bq（ベクレル）でした。1秒間に180個の崩壊が起こっているということです。ヨウ素が甲状腺に取り込まれる割合を20％とし、その放射能が半分になる日数を6日と仮定できます。

〔数式割愛〕

現在の福島市の水を毎日2リットル飲み続けると、720 Bq（ベクレル）の内部被ばくを受けることになります。これは、先ほどのカリウムによる日常的な内部被ばく（6,000 Bq［ベクレル］）の8分の1以下です。もちろん、取り込まれ方や崩壊の仕方はカリウムとヨウ素で異なるので、正確な比較ではありませんが、今観測されている放射性物質の影響をこのように見積もることができます。

【「牛乳問題」も〝期間限定〟】

2011年3月19日現在、食品についての放射能の測定が始まっており、牛乳などから、わずかな放射能が検出されたと報じられています。しかし、「牛乳問題」

は〝期間限定〟です。そもそも、なぜ、牛乳が問題になるか、順に解説していきます。

史上最大の放射事故であるチェルノブイ〔リ〕の原発事故では、白血病など、多くのがんが増えるのではないかと危惧されましたが、実際に増加が報告されたのは、小児の甲状腺がんだけでした。なお、米国のスリーマイル島の事故では、がんの増加は報告されていません。

放射性ヨウ素は、甲状腺に取り込まれます。これは、甲状腺が、甲状腺ホルモンを作るための材料がヨウ素だからです。なお、普通のヨウ素も放射性ヨウ素も、人体にとっては全く区別はつきません。物質の性質は、放射〔性〕であろうとなかろうと同じだからです。

ヨウ素は、人体には必要な元素ですが、日本人には欠乏はまずみられません。海藻にたっぷり含まれているからです。逆に、大陸の中央部に住む人では、ヨウ素が足りないため、「甲状腺機能低下症」など、ヨウ素欠乏症が少なくありません。チェルノブイリ周囲も、食べ物にヨウ素が少ない土地柄です。こうした環境で、突然、原発事故によって、ヨウ素（ただし、放射性ヨウ素）が出現したので、放射性ヨウ素が、住民の甲状腺に取り込まれることになりました。

ヨウ素（I_2）は水に溶けやすい分子です。原発事故で大気中に散布されたヨウ素は、雨に溶けて地中にしみ込みます。これを牧草地の草が吸い取り、牛がそれを食べるという食物連鎖で、放射性ヨウ素が濃縮されていったのです。野菜より牛乳が問題なのです。結果的に、牛乳を飲んだ住民の甲状腺に放射性ヨウ素が集まりました。

放射性ヨウ素が出す〝ベータ線〟は、高速の電子で、X線やガンマ線とちがって、質量があるため、物とぶつかるとすぐ止まってしまいます。放射性ヨウ素（I-131）の場合、放射されるベータ線は、2ミリくらいで止まってしまいますから、甲状腺が〝選択的〟に照射されるわけです。放射性ヨウ素（I-131）を飲む「放射性ヨウ素内用療法」は、結果的には〝ピンポイント照射〟の一種だと言えます。

子供たちは、大人よりミルクを飲みますし、放射線による発がんが起こりやすい傾向があるため、小児の甲状腺がんがチェルノブイリで増えたのでしょう。ただし、I-131の半減期は約8日です。長期間、放射性ヨウ素を含む牛乳のことを心配する必要はありません。I-131は、ベータ線を出しながら、〝キセノン〟に変わっていきます（ベータ崩壊）。8日が半減期ですから、I-131の量は8日で半分、1ヶ月で1/16と減っていきます。3ヶ月もすると、ほぼゼロになってしまいますから、「牛乳問題」も〝期間限定〟です。

【質問に対する回答】

＊妊婦の方へ

放射線は、妊娠後4ヶ月以内が最も胎児に影響を与えるといわれています。100mSv未満ならばその後の胎児には影響がでないことが示されています。妊婦に関する放射線防護についてのデータは、国際放射線防護委員会がまとめています。

＊内部被ばくと外部被ばく

放射線の人体への影響は、外部被ばくも内部被ばくも同等です。ただ、いったん放射性物質を体内に取り込んでしまうと、被ばくから逃れられないので、内部被ばくの方がより深刻といえます。ただ、放射性物質を体内に取り込んでも、体外に排出されたり、自然に放射能が弱まったりすることで、放射線の影響も弱まっていきます。

＊放射性ヨードに関して

原発から飛散される放射性物質としてヨードやセシウムが話題となっています。これらの物質を体内に取り込んで排出されるまでの時間は、物質の形態や取り込まれる体の場所によって様々です。目安としては、ヨードが甲状腺に取り込まれた場合、30日程度で半分の量が排出されます。ただし、ヨード自身は8日で半分の放射能になります。ヨードの大半は放射線を出しながら体外に出て行きます。ちなみに甲状腺に取り込まれなければ、その日のうちにほとんどが出て行きます。東大病院では、ヨードの放射線は甲状腺のがん治療にも使っています。この場合は、甲状腺にヨードを集めたいので治療の前に患者さんは、ヨードの摂取を制限されます。

＊乳幼児の被ばくに関して

甲状腺に関しては、内部被ばくによって、乳幼児に発がんが増えたというデータがあります。外部被ばくに関しては、特に大人との違いは見られません。チェルノブイリの原発事故で、唯一増えたがんは、小児の甲状腺がんでした。内部被曝については、小児に影響が出やすい可能性があります。チェルノブイリ事故とちがい、今回の原発事故に近い、スリーマイル島原発事故では、小児の発がんリスクの上昇は見られませんでした。

＊今回の地震対応の緊急作業者の被ばく引き上げに関して

昨日、公務員の放射線被ばくの許容範囲〔が〕100 mSvから250 mSvに引き上げられました。短時間で限度上限の250 mSvの放射線量（蓄積）を被ばくした場合、白血球が一時的にせよ、低下する可能性があります。

＊医療被ばくとは何が違うのか？

今回の事故で、CT検査などによる医療被ばくの量を初めて知った方も多いと思います。医療被ばくには上のような線量の制限を設けていません。日本国民一人当たりの医療被ばくは1年間の平均で約2~3 mSvです。[*] これは自然被ばくに匹敵する量で、世界平均に比べてもダントツに多いことが知られています。でも、日本人は世界一の長寿国ですね。もちろん、被ばくによって日本人が長生きしていると言っているのではありません。でもCTなど〝被ばくする医療行為〟は、日本人の長寿に少しは貢献しているのでしょう。間接的な理由で医療行為による被ばくは患者に対し利益を与えていると考えています。

では、なぜ医療被ばくには限度を設けていないのでしょう? それはCT撮影を行なう等の医療行為で受ける被ばくには、明確な利益があるからです。CTによって、早期にがんが見つかったり、良い治療方針が見つかったりすることがあり、被ばくをして生涯の発がんの確率がほんのわずかに上がることを心配するよりも(1回のCTの被ばく程度で本当に確率が上がるかどうか実はわかっていません)、あなたの生活によっぽどプラスの貢献をするでしょう。

---

*——2012年9月付記:3・87ミリシーベルトと推定されます。

他方、原発事故による放射能漏れの影響は、その人には全く利益をもたらしません。したがって、医療被ばくと今回の原発事故による被ばくは、本来は比べてはいけないものなのです。CTよりも多いから、少ないから、ということはあまり考えないでください。ムダな被ばくを抑えるように医療従事者は心掛けています。その観点で言えば、原発事故による被ばくは絶対に防がなければなりません。〝被ばく量〟という観点から言えることは、今回の事故により生じている今の放射線量は問題ない量ですので、どうか安心してください。〔2011-03-15 11:32〕

(http://tnakagawa.exblog.jp/15135529/)

以上がごく初期の記事です。

これらの情報発信は、大きな反響（共感）と反撥《はんぱつ》を引き起こしました。東大の代表電話経由で放射線治療の受付等にたくさんの電話やファックスが入り、診療や検査に支障が生じるほどになりました。病院ですから患者さんが来る場所、スタッフがたいへんな思いをしました。

以下は、２０１１年5月14日にブログに掲載した「お願い」、懇願《こんがん》です。

お願い

マスコミ関係者からの電話による問い合わせが多く、診療の妨げになっています。福島での一連の調査に関する、取材を目的としたお問い合わせは下記アドレスまでメールにてお願いします。その際には、お手数ですが、問い合わせの趣旨もご記入ください。

************@*******.co.jp

よろしくお願い申し上げます。

（http://tnakagawa.exblog.jp/15536660/）

こうした混乱の中、「次はこういう話題で解説を書こう」「このテーマは誰某《だれそれ》にお願いしよう」と相談し、メーリングリストこそありませんでしたが、毎回、私から15人ぐらいに依頼のメールを送りました。唐突なお願いであっても、引き受けて下さる方が何人か（東大の内外に）おられました。

ただし、前述のようにお名前を出すことには抵抗が大きかった。おそらく二つの理由があったでしょう。一つは、矢面に立つことに対する恐怖（というかうんざりするような感覚）。もう一つは研究者が所属する組織の問題。前者はもちろん、後者も理解できます。私も東大病院から注意されたことがありますので。

大学病院で働くということは、病院の職員（医師）の立場と、大学院の教官の立場、この二重構造になっています。私の大学院の所属は、「東京大学大学院医学系研究科生体物理医学専攻放射線治療学」ですが、メディアでは、東大病院の放射線科准教授とか、放射線科医師とか、そういうかたちで紹介されることが多い。

例えば、東大病院で記者会見してくれとメディアから言われる。東大である必要はないでしょう、と応じると、「東大病院でなければならない」と言ってくる。それは映像の価値を高めたいからなのでしょう。さすがに断っていたのですが、中には強引な方もあった。

そうこうするうちに、私に対する東大病院や東大本部の風当たりは強まってきた。目立ちすぎ、ということでしょう。組織とはそういう生理がある。名前を出して発信する方が増えなかった一つの理由です。事情もわかるし、手を拱《こまね》いているわけにもいかないので、ツイッターとブログの執筆と発信に関してはネットワークを駆使しました。

医療被ばくとがん検診

放射線医が、日本における医療被ばく（とりわけX線やCTによる過剰診断）について注意喚起するのは、珍しいはずです。

広島、長崎では原子爆弾による熱風と衝撃によって亡くなった多くの方々とともに、放射線被ばくによる急性障害や発がんによって亡くなった方もいらっしゃいます。しかし、爆弾そのものによる死亡が圧倒的に多かったのも確かです。そして、被ばくした市民が大量に避難したり移転したりといった事態はありませんでした。放射線被ばくの人体への影響を知らなかったから避難しなかった、という面もあるでしょう。ともかく、多くの方はその地にとどまり、復興を遂げました。つまり、被ばくによるマイナスは否定しようもありませんが、大量の避難者が出るという劇的なマイナスはなかったと言えるのではないでしょうか。実際、被ばく量の少ない「入市被爆者」は全国平均より長寿というデータもあります。そして、少なくともマイナスを補うだけの力が医療にあったと思います。被爆者援護法や被爆者健康手帳の交付、LSS（寿命調査）に代表される被爆者に対する各種の健康影響調査など、医療サービスの充実が効果をもたらしたと考えています。たしかに、広島市の女性の寿命は政令指定都市の中で最長（86・33歳、2005年）です。

さて、日本は世界一医療被ばくが多い国です。世界中のCTの3分の1は日本にあります。頭痛がすると言ってはCTを使う医療機関もあるようですから、無駄な医療被ばくはある、と言わざるを得ないでしょう。

例えば、会社の健康診断でX線（レントゲン）撮影をする。毎年撮ります。何のためかご存知でしょうか。結核を探しているのです。日本では結核は激減し、時折報道されることはあっても、年間死亡数は約2000人です。戦後、昭和二〇年代半ばまでは、日本人の死因のトップでした。そして、かつては、若い世代に多かった（樋口一葉は24歳、石川啄木も27歳で結核で亡くなっています）。それが減少を続け、昭和三〇年（1955年）には三大死因（悪性新生物〔がん〕、心疾患、脳血管疾患）に取って代わられました。（ちなみに、がんが死因の一位になるのは昭和五五年〔1980年〕のことで、以後他の死因を引き離して年々増加しています。）

結核にかかる人自体、ものすごく少ない。そして、結核罹患の減少に与《あずか》って力があったのは、抗生物質より、栄養状態の向上です。社会が豊かになったから結核は減ったのです。とくに、若い世代には少なくなった。ですから、結核を見つけるための肺のX線検査は（とくに若い世代には）、現在ではすでに意義が薄れているのです。

スウェーデンでは、「受診希望者は1週間以内に医師の診察が受けられる。3ヶ月以内に治療を開始する」がルールとなっています（ルールですからしばしば守られない、という含意があるでしょう）。

それに比して、日本はやはり圧倒的にリソースに恵まれています。頭が痛いといって、その日に病院でCTを受けられる国なんて日本だけです。その結果、医療被ばくの線量が高くなりますが（推定3・87ミリシーベルト、世界トップ）*、それはいつでもどこでも安価に医療サービスが受けられることの証《あかし》でもあります。医療に対するフリーアクセスは日本人の長寿に多大な貢献をしているに違いありません。先ほど述べたように、国民皆《かい》保険制度の健康に対する寄与は、広島市の長寿で実証されていると思います。被爆者健康手帳をお持ちの方は、基本的に医療費は無料で受診できますので、早期発見・早期治療ができるからです。

細やかなケアをするという意味で、福島第一原発事故後の「福島県 県民健康調査」は重要なのです。低線量被ばくの健康影響で懸念されるのは、発がんだけですから、きちんと健康調査をするのが大前提です。被ばくによる発がんには、少なくとも5〜10年はかかりますから、スタートラインでのがんの発生数を確認する意味でも大切です。幸いに、外部被ばくも内部被ばくもきわめて小さい値なので、おそらく福島でがんは増えません。甲状腺がんも増えない。しかし、検診をあまねく実施し、万一の場

＊――『新版 生活環境放射線（国民線量の算定）』（公益財団法人 原子力安全研究会、2011年）

合でも早期発見で対応すれば、広島、長崎のように長寿が可能になります。

逆に、がんの実態を見誤ると、甲状腺がん過剰診断による無駄な手術と、本来は不要だったホルモン剤を飲み続ける方が増えることになりかねません。アメリカの例ですが、交通事故死をされた60歳以上の方の甲状腺を調べると、全員にがんが見つかったという報告もあります。

がんは千差万別、進行の早いものもあれば遅いものもある。なかには亡くなるまで何もしない（治療もしない）方がよいケースもあります。しかし、がんを見つけてしまったら、いっさい治療をしないという選択はむずかしくなる。手術をして甲状腺を全摘《ぜんてき》すれば、ホルモン剤を飲み続けることになります。甲状腺がんは、予後《よご》のよいがんの代表ですから、甲状腺がんを不治の病のように思いなすことは全くの誤り（5年生存率は98％）。同時に、切らずにすむものならそのままにしておくことがよいこともあるのです。

高齢者が「念のために」甲状腺がんの検査をするようになれば、甲状腺がんの「発見」が急増するはずです。このことは、韓国で現実になってしまいました。乳がん検診を超音波で行ったついでに、甲状腺も検査することが日常的になった2000年ごろから、甲状腺がんが増えはじめ、韓国女性のがんのトップが甲状腺がんになってしまいました。

ちなみに、数年前から韓国では、がん保険の給付対象から、甲状腺がんがはずされています。正しく知ることが、幸せに暮らすことにつながることがわかります。

氾濫する情報への対処

何を信じていいかわからない、という声はよく耳にします。講演会で直接訴えをお聞きしたことがある。圧倒的多数の情報源はテレビです。影響力も甚大。ところが、福島第一原発事故以降、ニュースや情報番組だけでなく、バラエティなども含め、テレビの影響力にかげりが見えてきたと感じます。地震・津波・原発事故を経て、テレビに出ている人間（専門家、評論家）が一番信用できない、という感覚が広がっているようです。テレビに次ぐ大きなメディアと言えば新聞ですが、新聞にも不信の目は向けられている。

ニュースの特性として、センセーショナルであることから逃れられないので、放射性物質についても、危険を煽《あお》る結果に終わっている。一面トップに「甲状腺の被ばく線量が＊ミリシーベルト」と謳《うた》った記事は幾度も掲載されてきました。これは実効線量ではなく、等価線量ですので、読者をミスリードする記載です。何度も繰り返されるところを見ると、記者もデスクも知らないのか、知っていてあえてそう書くのか、皆目見当《かいもく》が付かないのです。

当時、安心材料を、その背景も含めて解説する記事は少なかったし、現在も変わりません。見出しの不適切も繰り返された。情報災害という側面は無視できないと思います。

学校の20ミリシーベルトをめぐって

迂闊《うかつ》なことに、私も私のスタッフも、放射線の基礎知識を啓発すれば、みなさんにわかってもらえると信じていたのです。2011年4月29日、内閣官房参与の「辞任・記者会見」まではある程度、そうだったとも感じます。会見をきっかけに、雰囲気ががらっと変わりました。非常に大きなターニングポイントでした。

小佐古敏荘先生は、「一、原子力災害の対策は「法と正義」に則ってやっていただきたい」「二、「国際常識とヒューマニズム」に則ってやっていただきたい」として、「小学校等の校庭の利用基準に対して、この年間20ミリシーベルトの数値の使用には強く抗議するとともに、再度の見直しを求めます」と発言された。

あまりにインパクトが大きかったせいでしょうか、小佐古先生の会見のポイントがいささかずれて視聴者の印象に残った感があります。NHK科学文化部のブログに全文がありますので、[*]みなさんそれぞれが確認されるとよいと思います。

昨年（2011年）4月と言えば、福島第一原発事故から1ヶ月強です。その段階で小学校などの校庭の利用基準を定めるとして、はたして何ミリシーベルトが妥当だったか、決して容易ではありません。

記者会見で、小佐古先生は20ミリシーベルトを10ミリシーベルトにすべきだ、と明確にはおっしゃっていません。ただ、「警戒期であることを周知の上、特別な措置をとれば、数カ月間は最大、年間10 mSv使用も不可能ではないが、通常は避けるべきと考えます」とあります。このことは報道されなかった。あるいはニュースが伝搬していく中で軽視されてしまったと思います。私はかねて「10ミリシーベルト」を提唱してきたので、改めてこの会見を読み、驚きました。

年間10ミリシーベルトは、ヨーロッパでは居住地区で多く見られますし、LNTモ

＊——http://www9.nhk.or.jp/kabun-blog/200/80519.html

デルを採用するＩＣＲＰ（国際放射線防護委員会）ですら、「10 mSv未満の被ばくであれば、大きな集団でさえ、がん罹患率の増加は見られない」と言っています（ICRP Publ. 96)。

そして、福島の外部被ばくの推計では99％以上の県民が10ミリシーベルト以下、6割が1ミリシーベルト以内です。10ミリシーベルトに達する人はほとんどいないでしょう。

小佐古先生の発言の背景は察することができますし、報道の不正確にも責任はあるでしょう。しかし、当時盛んに報道されたヒューマニズム云々（「私のヒューマニズムからしても受け入れがたいものです」等）はメディア対応として不適切（脇が甘すぎる）だったでしょうし、放射線防護の専門家として、年間10ミリシーベルトは、国際的にも提唱され、かつ、現実に達成されている数字なので、もっと明確に言っていただくとよかった。

作業員の被ばく許容量に反対した理由

緊急作業に従事する者に許容する線量について、経済産業大臣の諮問《しもん》に対して、放射線審議会は即日答申しています（２０１１年3月14日)。ここでは２５０ミリシーベルトが妥当であると述べています。

ただし、福島第一原発事故の2ヶ月ほど前に、放射線審議会基本部会は、ICRP Publ. 103（2007年勧告）の国内法令取り入れに関する中間報告書を出していました。その中で、緊急作業に従事する者に許容する線量について、国際的に容認された推奨値との整合を図るべき、との提言を行っています[*]（第二次中間報告書の8ページ）。

先に引いた記者会見で、小佐古先生は次のように述べています。経緯がわからない方にはよく意味が理解できなかったのではないでしょうか。

文部科学省においても、放射線規制室および放射線審議会における判断と指示には法手順を軽視しているのではと思わせるものがあります。例えば、放射線業務従事者の緊急時被ばくの「限度」ですが、この件は既に放射線審議会で国際放射線防護委員会（ICRP）2007年勧告の国内法令取り入れの議論が、数年間にわたり行われ、審議終了事項として本年〔2011年、引用者〕1月末に「放射線審議会基本部会中間報告書」として取りまとめられ、500 mSvあるいは1 Sv〔1,000 mSv、引

＊——http://www.mext.go.jp/b_menu/shingi/housha/toushin/1302851.htm

用者」とすることが勧告されています。法の手順としては、この件につき見解を求められれば、そう答えるべきであるが、立地指針等にしか現れない40―50年前の考え方に基づく、250 mSvの数値使用が妥当かとの経済産業大臣、文部科学大臣等の諮問に対する放射線審議会の答申として、「それで妥当」としている。ところが、福島現地での厳しい状況を反映して、今になり500 mSvを限度へとの、再引き上げの議論も始まっている状況である。まさに「モグラたたき」的、場当たり的な政策決定のプロセスで《〔ママ〕》官邸と行政機関がとっているように見える。放射線審議会での決定事項をふまえないこの行政上の手続き無視は、根本からただす必要があります。500 mSvより低いからいい等の理由から極めて短時間にメールで審議、強引にものを決めるやり方には大きな疑問を感じます。

私は作業者（放射線業務従事者）に対する緊急時被ばくの「限度」を上げることに反対しました。小佐古先生が指摘する、放射線審議会基本部会の報告書、先に挙げた「国際放射線防護委員会（ＩＣＲＰ）２００７年勧告（Pub. 103）の国内制度等への取入れについて――第二次中間報告」（２０１１年１月）にも関わらず、反対でした。

この中間報告では、以下の提言を行っていました。細かい数字が並ぶ引用になりますが、重要なのでお許し下さい。

（基本部会の提言）

緊急作業に従事する者に許容する実効線量を100 mSvを上限値として設定する必要がないことが国際的にも正当化されている中で、その上限値を100 mSvとする我が国の現行の規制は、人命救助のような緊急性及び重要性の高い作業を行ううえで妨げとなる。このため、我が国における緊急作業に従事する者に許容する線量の制限値について、国際的に容認された推奨値との整合を図るべきである。

（解説）

我が国では、緊急作業に従事する者の被ばく線量の上限値として、実効線量で100 mSv、眼の水晶体及び皮膚の等価線量で、それぞれ300 mSv及び1 Svを規定している。一方、ICRPは、1990年勧告において、緊急作業に従事する者に許容する線量の制限値として実効線量で500 mSv、皮膚の等価線量で約5 Svを推奨している。しかしながら、例えば人命救助のような活動では、これらの制限値を超過することもあり得る。ICRPは、2007年勧告において、表1〔再掲省略〕に示すように、救助活動に従事する者に対する線量として100 mSv以下、緊急救助活動に従事する者の線量として確定的影響が発生することを回避するための線量である500 mSv又は1000 mSvを推奨しており、救命活動のときには、他の者への便益が救命者のリスクを上回る場合に許容される線量に上限値を設けないこととしている。〔以下略、引用者〕

この提言には、社会全体のリスクを最小限にする意味で一定の裏付けはあります。しかし、一般住民の被ばくについては（言を左右にしながらも）、事故前と同じ基準である年1ミリシーベルトを目指すとしている一方で、作業者の基準だけをアップしていくのはアンバランスだと感じました。政府にポピュリズムの姿勢があったことも間違いないでしょう。

東京電力の社員やその協力会社だからといって、彼らだけに被ばくのリスクを負わせるべきではない、と思ったのです。

1953年、国連総会演説でアイゼンハワー大統領が語った「原子力平和利用Atoms for Peace」の提唱以降、「唯一の被爆国」である日本が、原子力エネルギーの開発を国策として進める中で、いわゆる「原子力ムラ」が成立し、利益を得た人がいたでしょう。

しかし、福島第一原発の、しかも前代未聞の事故現場で必死の復旧作業（というよりもなんとか核燃料をコントロールすべく、決死の作業）に従事している人たちが、そういう恩恵にあずかってきたはずがありません。現場作業員にだけ被ばくリスクを負わせてはいけない。

そもそも、1年間で50ミリシーベルト、5年平均で20ミリシーベルトが作業者の被ばく線量の上限です。これは冷酷な基準と言うべきで、仕事だから（対価としてお金をもらっているから）しょうがないということです。その基準を緊急時ということで250ミリシーベルトまで引き上げました。「本年（2011年）3月14日に、東電福島第一原子力発電所での災害拡大防止のために、特にやむを得ない場合として、100 mSvから250 mSvに引き上げられていた緊急作業に従事する労働者の被ばく線量の上限」（厚生労働省）ということです。*

すでに述べたように、ICRP（国際放射線防護委員会）によれば、100ミリシーベルト未満の被ばくリスクはきわめて低いとされていますが、250ミリシーベルトとなれば、LNTモデル（直線しきい値なしモデル）においても、顕著に線形の反応が出る（線量の増加に比例してがん死のリスクが直線的に高まる）領域に入ります。250ミリシーベルトになると、確実にがん（致死的ながん）が増えます。それを500ミリシーベルトに上げる、ということが検討されていた。これに誰も反対しないということになれば、倫理的にも問題だろうと思いました。（実はそのことである宗教学者に連絡を取り、一緒に協議しようではないか、と持ちかけました。その後、当の宗教学の先生〔島薗進先生〕の肝煎《きもい》りで開催されたのが「東京大学緊急討論会——震災、原発、そして倫理」〔2011年7月8日〕でした。昨年来、私に対して名指しの非難を繰り返しておられることを思うと、いささかの感慨を禁じ得ません。）

幸い、作業者の線量限度500ミリシーベルトへの引き上げはなされなかった。そして、11月には特例が廃止されました。「100ミリシーベルトから250ミリシーベルトに引き上げられていた緊急作業に従事する労働者の被ばく線量の上限を、本年〔2011年〕11月1日に、厚生労働大臣が定める一部の作業を除いて、250ミリシーベルトから100ミリシーベルトへ引き下げました」（厚労省）。

つい最近、福島第一原発の元所長・吉田昌郎氏の発言に触れました。

大変な放射能、放射線がある中で、現場に何回も行ってくれた同僚たちがいるが、私が何をしたというよりも彼らが一生懸命やってくれて、私はただ見てただけの話だ。私は何もしていない。実際ああやって現場に行ってくれた同僚一人一人は、本

当にありがたい。私自身が免震重要棟にずっと座っているのが仕事で、現場に行けていない。いろいろな指示の中で本当にあとから現場に話を聞くと大変だったなと

＊（105頁）――「線量限度」に関しては、以下の整理を参照ください。

「電離放射線障害防止規則による被曝限度は以下の通りである。

―通常作業：5年間で100ミリシーベルト、1年間で50ミリシーベルト（実効線量管理）（電離放射線障害防止規則4条）

―緊急作業：100ミリシーベルト（実効線量管理）（電離放射線障害防止規則7条）

―妊娠可能な女子：3か月で5ミリシーベルト（実効線量管理）（電離放射線障害防止規則4条2項）

―妊娠中の女子：1ミリシーベルト（内部被曝）、2ミリシーベルト（腹部表面）（電離放射線障害防止規則6条）

ただし、厚生労働省と経済産業省は2011年3月15日に、人事院は2011年3月17日に、福島第一原子力発電所での作業者に限って250 mSvに引き上げた。

厚生労働省と経済産業省は2011年12月16日に、一部を除き通常限度量へ引き下げ、残る一部も2012年4月30日に通常限度量へ引き下げた。人事院は2011年12月26日に、通常限度量へ引き下げた。

なお、核燃料物質に関する事故なので放射線障害防止法（文部科学省所管）は適用外である。また、妊娠可能な女子には緊急作業は認められていない。」（wikipedia「放射線業務従事者」より）

思うが、（部下は）そこに飛び込んでいってくれた。本当に飛び込んでいってくれた連中がたくさんいる。私が昔から読んでいる法華経の中に地面から菩薩がわいてくるというところがあるが、そんなイメージがすさまじい地獄のような状態で感じた。現場に行って、（免震重要棟に）上がってきてヘロヘロになって寝ていない、食事も十分ではない、体力的に限界という中で、現場に行って上がってまた現場に行こうとしている連中がたくさんいた。それを見た時にこの人たちのために何かできることを私はしなければならないと思った。そういう人たちがいたから、（第一原発の収束について）このレベルまでもっていけたと私は思っている。（毎日新聞、2012年8月11日、http://mainichi.jp/select/news/20120812k0000m040027000c.html）

国会事故調査委員会などが指摘するように、この事故が「人災」である面は否定できないでしょう。しかし、事故後の現場での、身体を張った作業がなかったら、この事故は、人災にせよ天災にせよ、「大災害」につながった可能性があります。

吉田元所長の言葉は印象的です。彼は、自らの被ばくを顧みず、「衆生《しゅじょう》を救いたい」という部下たちの姿に、「地獄で菩薩《ぼさつ》を見た」思いだったのでしょう。世間で何と言われようと、自分たちが日本を助けているという（一種宗教的とすら言える）誇りがあったと思います。

あまり知られてはいませんが、福島第一原発の作業員は、国民を救う「英雄」として、スペイン皇太子賞を授与されています。この点は、9・11のアメリカ同時多発テロ事件のときの消防士への敬意に重なります。先の吉田元所長のインタビューからもはっきり感じ取れますが、昨年3月、4月と、福島第一原発事故収束のために作業にあたった人々には、「俺たちが日本を救っている」という思いがあったに違いありません。

一方では、作業者の子どもがいじめられるといった問題もありました。そして、今後何年・何十年にもわたる、廃炉までの工程を思うとき、「先が見えない。何年続けるのだろうか」という思いに囚《とら》われないのはむしろ困難でしょう。そして、事故直後の興奮が収まるなか、自分自身の被ばくによる健康不安も高まってくると思います。家族の心配や作業を続けることへの反対もあるでしょう。士気がもたないことさえ考えられますから、大変心配しています。

また、線量限度と労働（金銭）の関係が露骨であることに改めて驚きます。正社員でない作業員の場合、線量計に細工していたという報道もありました。

この問題を作業者にだけ押しつけるのは問題があります。そもそも、私を含め、首都圏の住民は、福島第一原発からの電気を送ってもらいながら暮らしてきたわけですから、この問題のステークホルダー（利害当事者）と言えます。少なくとも、私たちは、当事者意識をもって、放射線被ばくを受けながら困難な作業に従事している方々に感謝の意を表明するべきだと思います。

首都圏への電力供給（福島県内の電力は東北電力からのものです）のために、福島に多大な迷惑をかけてしまったのですから、せめて、福島のみなさんの選択を尊重するべきだと思いますし、危険を煽《あお》って不安感ばかり与えるのは止めるべきです。そして、私たち専門家にできるのは、そのための判断材料や「放射線のものさし」を提供することです。

残るのも避難するのも、福島のみなさんが、できるだけ正しい「ものさし」を使いながら決めてもらうしかありません。それ以外、とりわけ東京の人たちはいたずらに騒ぐのでなく、被災地の人々の選択肢が拡がるように、情報環境を整えるべきです。それが当事者としての「東京」のできることです。

第三章

飯舘村の困難と帰村の条件

福島県相馬郡飯舘村へ

　原発事故による放射性物質の放出・拡散・汚染の程度が次第に明らかになってきて、原発周辺の警戒区域*のこと、また、原発から北西方向へと広がった高汚染地域が心配でした。現地に出かけなければと思っていました。

　最初に飯舘村《いいたてむら》を訪問したのは昨年（2011年）4月29日です。地元紙の記者のお力で、飯舘村の菅野典雄村長にお目にかかることができました。

　事故から1ヶ月半が過ぎ、計画的避難区域に指定されるという緊急事態の中で、私たちチームに時間を割いてくださったことに深く感謝しています。お役に立ちたいと思いながら、講演会や勉強会で五、六回講師を務め、リスク・アドバイザーに就任した程度のことしかできていません。

　その後やや時間がかかりましたが、私たちの飯舘村への貢献を志したプランが文部科学省の採択を得たので、微力ではありますが飯舘村支援の一端を担えるかと思っています。114〜115頁に研究費申請段階での概要を再掲します。

　さて、昨年の話に戻ります。4月末、菅野村長にお目にかかった一番の収穫は、「いいたてホーム」という特別養護老人ホームの避難指示を回避できたことです。

＊――以下のような経緯を辿って現在に到ります。

▼原子力災害対策特別措置法に基づいて、福島第一原発から半径20キロ圏内（海域も含む）が「警戒区域」に設定されます。２０１１年４月22日午前０時以降、この区域への立ち入りは制限されます。

▼２０１１年４月22日から、原子力災害対策特別措置法に基づいて、福島県葛尾村、浪江町、飯舘村、川俣町の一部及び南相馬市の一部のうち、福島第一原発から半径20キロ圏外の地域が「計画的避難区域」に設定されています。

・警戒区域――東京電力福島第一原子力発電所から半径20キロ圏内の地域（※既に見直された区域を除く）

・計画的避難区域――事故発生後１年間に住民が受ける積算線量20ミリシーベルトを超えると推計された地域（※既に見直された区域を除く）

▼２０１２年３月末以降の見直しで、以下の区域が設定されました。

・避難指示解除準備区域――年間積算線量20ミリシーベルト以下となることが確実であることが確認された地域

・居住制限区域――年間積算線量が20ミリシーベルトを超えるおそれがあり、住民の被ばく線量を低減する観点から引き続き避難の継続を求める地域

・帰還困難区域――５年間を経過してもなお、年間積算線量が20ミリシーベルトを下回らないおそれのある地域（現時点で年間積算線量が50ミリシーベルト超の地域）

▶ 地域コミュニケーターの養成

教育プログラムの確立――地域のキーパーソン（区長、村議、教員、保健師など）を選定し、啓発教育を実施

長期的な支援を視野にいれた、地域コミュニケーターと専門家支援のあり方を検討する

▶ リスクコミュニケーションの実施

リスクなどに関する情報のメッセージ化（壁新聞や回覧板、小冊子の作成と配布）とその共有

医療者による傾聴、小規模の対話（双方向）、多数の住民に対する対話集会の実施

随時効果の検証を行い、新たなリスクコミュニケーションの方法を模索・改善する

▶ 飯舘村民の避難生活実態及び帰村意向等に関するアンケート調査

（初回：平成23年10月、追跡調査：平成24年6月）

調査対象：飯舘村役場に連絡先を登録している村民

調査方法：郵送法

調査期間：平成24年5月22日から6月1日

配布数＝2,914　有効回答数＝1,788（回収率61.4％）

［**期待される成果**］

①地域住民に根ざしたリスクコミュニケーションの実践的活動とその記録

②低線量被ばくに関する科学的情報が受け取られる際の文脈を解明

1. 原発事故が個人と社会に与える諸影響の記録
2. リスクコミュニケーションのあり方とその評価および最適化
3. 住民の「放射能リテラシー」の確立と「リスク尺度」の妥当化
4. 住民の健康的かつ幸福な人生への寄与

原子力基礎基盤戦略研究イニシアティブ「原子力と地域住民のリスクコミュニケーションにおける人文・社会・医科学による学際的研究」

［**研究概要**］

▶ 研究の背景・目的

東京電力福島第一原発事故は、東北地方を中心に、大きな被害をもたらした

その後の計画停電や放射性物質の飛散など、人々はさまざまな不安を抱え込むことを余儀なくされている

本研究は、①地域住民に根ざしたリスクコミュニケーションの実践的活動とその記録、および、②低線量被ばくに関する科学的情報が受け取られる際の文脈を解明することを目的とする

▶ 学際的研究の方法

実践と理論の組み合わせにより、上記のテーマを人文・社会・医科学の学際的な視点から研究を推進する

——実践的なアプローチ

放射線医学を専門とする医師・物理学者が、リスクコミュニケーションなどの実践的活動をする

——理論的なアプローチ

人文社会学系の専門家が、因果関係の認識、メディア論的状況、風評被害研究の視点と、科学技術社会論の枠組みによって分析をする

▶ リスクコミュニケーションの現状調査

住民に対するアンケート調査

住民に対するインタビュー

福島県内（特に飯舘村）の被ばく状況の調査

情報を受け取る側がどのようにリスクを捉えているかを明らかにする

当時、村には課題がありました。「計画的避難区域」という耳慣れない地域に指定され、全村避難の指示が政府から出されていたからです。5月末を目途《めど》に「全員」避難せよ、との指示ですから、誰も彼もみな避難する、老人ホームの高齢者も含まれる。

避難には相応のリスクが伴います。この点は「はじめに」でも少しばかり触れました。地震と津波によって自宅を失った方々が仮設住宅に、あるいは、遠戚を頼って移り住む、放射性物質の汚染が懸念される人々の一部はいったん北西方向（つまり福島第一原発から飯舘村の方向）へと避難するものの、飯舘村の線量が高いとわかり、再度避難先を探して村を出る。

そうした過程で、心身に及ぶストレスと経済的・社会的な負担をどれだけ強いられたでしょうか。将来の見通しさえ立たないまま、とにかく避難することの心細さと不安と怒りをわずかに想像します。

放射性物質の降下量（空間線量）が年間20ミリシーベルトを超えると予測されるので、家を空け、工場も事業所も放り出し、役場さえも無人にして、とにかく自力で避難先を確保し、村民全員が移り住むよう措置せよ、ということです。私たちがお邪魔したのは、あまりの理不尽に、菅野村長が国の決定に抗していた時期です。

「チーム中川」の当時のブログから、長くなりますが一連のレポート記事を再録してみます。

2011年05月02日
福島訪問――その1　飯舘村の特別養護老人ホーム

先月末、チームのメンバー5名（医師3名、物理士2名）で、福島県を訪問しました。福島市、南相馬市などの、幼稚園、小学校、中学校で、校庭などの空間放射線量の測定と土壌の採取を行いました。また、文部科学省のモニターカーによる各地の測定結果が正しいかどうかのダブルチェックも行いました。詳しい測定結果は、順次、ブログで紹介していきます。

飯舘村にも入って、住民の皆さんのお気持ちを伺い、菅野村長と面談もさせて頂きました。東京では見えなかった多くのことに気づかされました。とくに、菅野村長との面談や、特別養護老人ホーム（いいたてホー

ム）訪問などを通して、現場が直面する問題を知ることができました。今回は、とくに、飯舘村の特別養護老人ホームについて、当チームの見解をご紹介します。

福島県飯舘村は、福島第一原発事故の影響で「計画的避難区域」に指定され、5月下旬をめどに避難を求められています。国から村民の避難を求められていることに対して、菅野村長は、「国に対して村民一人ひとりの実情に合った、きめ細かく、柔軟性のある対応」を求めています。

村長との面談に先立って、同村草野地区で、数名の方からもお気持ちを伺いましたが、たとえば、同じ農家でも、家畜がいるかどうかで、避難に対する感覚は違いました。「家畜は家族の一員。避難しても、毎日世話が必要」、「なじみのない土地に行けば、人間も大変だが、牛も大変。出る乳の量も半分になってしまう」といった声が印象的でした。

当方からも、「妊婦、赤ちゃんについては避難することもやむをえないが、放射線積算推定量を見る限り、成人についての発がんリスクは、野菜不足や塩分のとりすぎより低く、極端に恐れる必要はないと思います。それより避難生活などによるストレスなどの方が心配です」などと見解を述べました。

実際、致死性の発がんの危険は、100ミリシーベルトで、最大1.05倍と見積もられますが、これは野菜不足によってがんになりやすくなるリスクとほぼ同程度です。塩分とりすぎは、約200ミリシーベルトの被ばくに相当しますし、運動不足や肥満は、400ミリシーベルト程度の被ばくと同じレベルの発がんリスクです。毎日3合お酒を飲んだり、タバコを吸ったりすれば、発がんのリスクは一気に1.6倍となりますが、放射線被ばくで言えば、2,000ミリシーベルト！に相当します。

菅野村長は、村民に向けたがんの啓発の必要性にも理解を示され、今後、村民向けに、当チームの協力のもと、放射線被ばく問題と健康に関する講演会などを開催し、「村民の不安を軽減したい」と応じてくださいました。

（放射線被ばく（積算値）がある量を超えた場合、憂慮されるのが「発がん率の増大」です。私たち「東大病院放射線治療チーム」が「がん啓発」のための講演会等のご提案をしたのは、そもそもがんという病気について、いまだ日本では十分に理解されていない、と考えるからです。今回は割愛せざるを得ませんが、「がんの基本的な知識」を身につけることが、がん大国日本では必須だと考えています。機会があれば、このBlogでもご説明したいと思います。）

菅野村長は、また、村民同様に避難を求められている特別養護老人ホームの入居者らについて、「ばらばらに避難して体育館などの避難所で暮らすより、ホーム施設内に留まっていた方が、本人たちにとっていいのではないか」と語ってくださいました。この言葉を受けて、３名の医師で、特別養護老人ホーム「いいたてホーム」を訪問しました。

突然の訪問でしたが、三瓶政美施設長に詳しくご案内、ご説明をいただきました。ホームは、村役場にすぐ隣接していますが、これまで、中央からの政治家やメディアの訪問は皆無だそうです。（4月29日の当チーム訪問時点）

入居者は、現在１０７名、定員は入居１２０名・ショートステイ10名です。職員は定員１３０のところ現在１１０名勤務。避難の恐れがなければ、在宅の方も受け入れていけますが、いまのところ受け入れができない状況です。

入居者の平均年齢は約80歳、１００歳以上の方もいます。ユニット型のケアを実施しており、ユニット内（10名程度）には家族のような絆ができています。入居者のうち、車イスが60名、寝たきりが30人（経管栄養：15人）で、終末期の利用者も2～3名おられました。震災後も3名が施設内で、家族、看護職員・介護職員に看取られ死亡しています。

胎児、小児の放射線感受性が高いのと反対に、高齢者の場合は、同じ量の放射線被ばくでも、発がんのリスクは高くなりません。被ばくから、発がんまでに多くの場合、10年以上の年月がかかるからです。医師の立場からも、80歳以上の高齢者の避難はナンセンスと言えます。

施設内の放射線量は、どこも1マイクロシーベルト／時以内（鉄筋コンクリート作り）。入居者は屋外には出ることができないため、年間被ばくとしても、10ミリシーベルト以下です。家族といってもよい入居者がばらばらになり、慣れない他の施設へ行って、ストレスを抱えて生活するデメリットは大きく、避難を進めることは〝正当化〟されないと思います。

施設が存続した場合、施設職員の被ばくが問題になりますが、三瓶所長や相談員の方が、24時間測定した「個人被ばく線量」から推定される年間被ばく量は、7.5～10ミリシーベルト程度で、やはり容認できるレベルです。

住民の個別性を重視した避難を考える上で、象徴的なケースと言えましょう。柔軟な対応を求めたいと思います。

(http://tnakagawa.exblog.jp/15420108/)

2011年05月13日

福島訪問——その2　空間線量率測定の結果について

先月末の4月29日、東大病院放射線治療チーム(team_nakagawa)のメンバー5名(医師3名、物理士2名)で、福島県を訪問し、地域の方との対話や飯舘村の菅野村長との面談、福島市・飯舘村・浪江町《なみえまち》・南相馬市の空間放射線量の測定、土壌・山菜の採取を行いました。また、文部科学省のモニターカーによる測定結果の追試を行いました。

突然の訪問となったことに対し、調整をくださった地域の関係各者にお詫び申し上げるとともに、休日にもかかわらず、私たちのプライベートな要求に対応頂いたことに感謝申し上げます。

今回の訪問で空間線量率や土壌調査をおこなったのは、福島県の訪問直前に南相馬市教育委員会に連絡を取ったところ、学校の放射線量を測定し、土壌・環境汚染を評価してほしいという話であったことと、政府・自治体で公表されるデータではわからない、放射線量分布の不均一さについて調査したかったことなどがその主な理由です。また、政府・自治体の公表データの信憑性に関する当チームへの問い合わせがあり、その問いに答えるために、データを取得する必要がありました。

【使用した計測器】
ALOKA γSurvey Meter　ICS-321（電離箱線量計）
MKS-05 TERRA（電離箱線量計）
NaI シンチレーター TCS-151
ポケット線量計（個人線量計）

【測定】
使用する線量計、測定方法の相違により、測定値には若干の誤差が生じる可能性があります。そこで単一チームで同じ線量計・測定方法による測定データを取得しました。公表されている公的機関の測定データとの比較をおこない、さらに放射線線量分布の不均一性について（どういうところが放射線量が高いのか又は低いのか）も評価を行いました。

文科省が発表しているモニタリングカーを用いた固定点における空間線量率
– http://www.mext.go.jp/a_menu/saigaijohou/syousai/1304001.htm
は、複数の線量計により、車外で地表から1mの高さ、障害が何もない方向に向けて計測している。4月29日のデータは以下を参照しました。
– http://www.mext.go.jp/component/a_menu/other/detail/__icsFiles/afieldfile/2011/04/29/1305388_042913.pdf

また、小中学校内の空間線量率の変化について調べています。

【文科省モニタリング結果の追試結果】

文科省が発表しているモニタリングカーを用いた地点32, 33, 36（文科省の公表データで、それぞれの「測定エリア」に与えられている番号）の空間線量率を追試し、4/29の値をほぼ再現しました。今回の追試結果及びこれまで公表されたデータの経時的な変化から、それらのデータに問題はない、と言えるのではないかと考えています。ただし、少し離れただけでも値は変わります。測定地点の位置ずれによる

【4月29日に観測した空間線量率の結果と考察】

1日の空間線量率測定結果（地表1 mでNaIシンチレーターを使用）

8:00–17:00までの個人線量被ばく（ポケット線量計）44 μSv

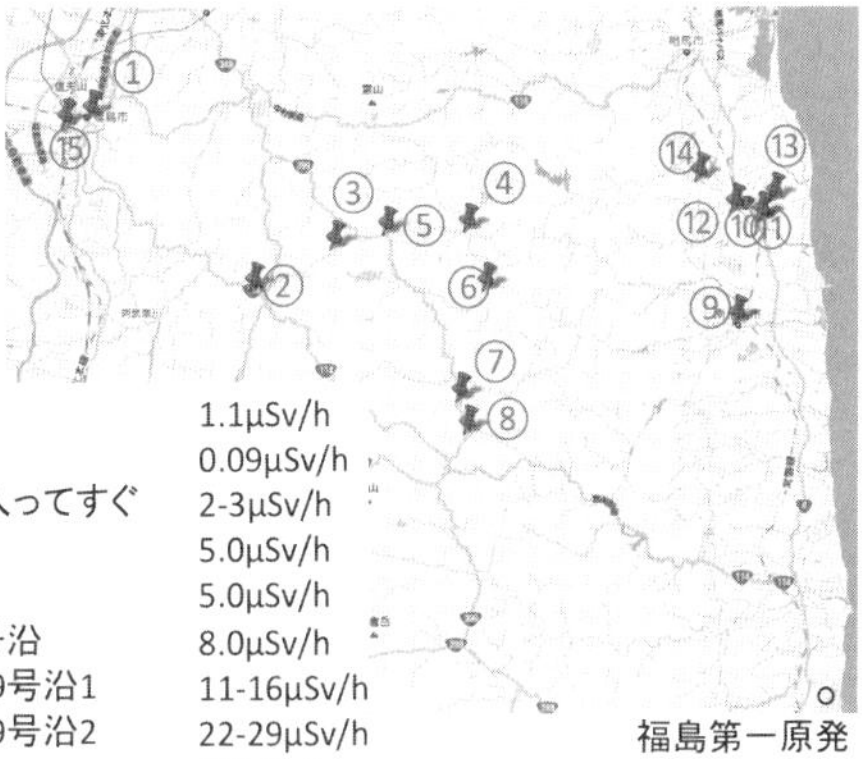

①8:30　福島市 太田町	1.1μSv/h
②9:15　川俣町トンネル内	0.09μSv/h
③9:50　川俣町から飯舘村に入ってすぐ	2-3μSv/h
④10:30 飯舘村草野	5.0μSv/h
⑤11:27 飯舘村臼石小学校前	5.0μSv/h
⑥11:42 飯舘村小宮国道399号沿	8.0μSv/h
⑦12:08 浪江町赤宇木国道399号沿1	11-16μSv/h
⑧12:35 浪江町赤宇木国道399号沿2	22-29μSv/h
⑨14:35 南相馬市役所（外）	0.5μSv/h
⑩15:00 南相馬市鹿島小学校グランド	0.7μSv/h
⑪15:05 南相馬市鹿島幼稚園グランド	0.6μSv/h
⑫15:20 南相馬市鹿島中学校グランド	0.7μSv/h
⑬16:00 南相馬市八沢小学校グランド	0.5μSv/h
⑭16:35 南相馬市上真野小学校グランド	0.7μSv/h
⑮19:00 福島駅前	0.7μSv/h

表1. 4/29文科省モニタリングの追試結果［μSv/h］

モニタリングポイントNo.	チーム中川	文科省4月29日
【32】	18.3	19.5
【33】	13.6	13.8
【36】	2.5	2.6

文科省、チーム中川ともに電離箱線量計により、車外で地表から1 mの高さ、障害が何もない方向に向けて計測。

測定値の違いについて次に解説します。

【測定地点の位置ずれによる測定値の違い】

浪江町赤宇木国道399号線上の地点でのモニタリングの映像を示します。この動画では前半が北緯37°37'28.46"東経140°44'36.98"、後半が北緯37°35'34.77"東経140°45'12.85"の地点での1mの高さでのNaIシンチレーターによる観測値のふらつきが収められています。

浪江町山間部モニタリングの動画

–http://www.youtube.com/watch?v=ytfqphTahA0

ここは山道になっており、前半は、道路の真ん中から谷側に掛けてはあまり変化せず、山側で強い値を示しました。後半は逆に谷側が強い値を示しています。観測値は、道路を横切るだけで、30%程は簡単に変化してしまうことがわかります。（確認のため電離箱線量計による追試も行い、ほぼ同様の結果を得ました）

同位置で同種類の線量計で文科省モニタリング結果を再現する一方、映像〔前掲のYouTube動画〕で示したように、測る位置を少し変えただけで値が大きくふらつきます。放射線量の経時的な変化を観測する場合には、毎回同じように計測するよう注意が必要です。また、ホットスポット（線量が局所的に高い地点）の探査などを進めていく必要がありそうです。

【幼稚園、小中学校における空間線量測定結果】

南相馬市で調べた幼稚園、小中学校すべてのグラウンドで、1mの高さの空間線量率は1μSv以下の比較的低い値が観測されました。福島県災害対策本部によると幼稚園、小中学校における環境放射線測定モニタリングは、グランドの複数点で、地表から1mの高さと1cmの高さで行われています。以下〔を〕4月5―7日分の公表されている結果と比較してください。

― http://www.pref.fukushima.jp/j/schoolmonitamatome.pdf

さらに私たちは、いくつかの場所について線量測定を実施し、同一学校内において（1）場所による空間線量率にどの程度差が出現するか、（2）測定点での地表からの高さにより線量率がどの程度変わるかを検証しました。

（1）場所による空間線量率にどの程度差が出現するか

南相馬市にある鹿島中学校において観測された、場所による空間線量率の依存性を表2に示します。

鹿島中学グラウンドモニタリングの動画

– http://www.youtube.com/watch?v=PZormwqJmzU

鹿島中学校校舎側（コンクリート）0.2 μSvに対し、校庭脇の排水溝では1.8 μSvと、高めの放射線測定値が示されました。側溝は雨水がた〔ま〕る場所のため、雨によりグラウンド表面の放射性物質が流され側溝にたまったと推察されます。コンクリートの上では線量が低くなる傾向にありました。土壌表面がセシウムを貯蔵していることがわかります。

　グラウンドの内外で測る位置を少し変えただけで値が大きくふらつくという事実は、被ばく量の管理について、特定の環境放射線量のみに頼るべきではないことを示唆します。個人線量計によるモニタリングが必要です。

（2）測定点での地表からの高さにより線量率がどの程度変わるか

表2. 4/29南相馬市鹿島中学校の空間線量率測定結果［μSv/h］

場所	空間線量率［μSv/h］
校庭（校舎側）	0.5–0.8
校舎そば（コンクリート）	0.2
鹿島中学校中庭	0.5
鹿島中学校校庭脇の排水溝	1.8

公表されている結果を見る限り、測定点の高さでは、放射線量は極端には変わらないという印象を持ちます。これは、ある面では事実ですが、一方で注意しなければいけない点もあります。これを以下に説明します。

▼〝ガンマ線※〟の寄与　※ガンマ線とは、エネルギーの高い（＝波長の短い）光のことです。

広いグランドにほぼ均一に放射〔性〕物質〔で汚染され〕ていると仮定した場合、〝ガンマ線〟は透過性が高く、その強度は大気ではあまり弱められないため、測定点の高さによって放射線量は極端には変化しません。放射線の散乱を考えない場合、放射性物質が一様に分布した円盤上（半径100 m）から生じる、鉛直方向の距離zの放射線量の近似的な振る舞いを示すと次〔次頁掲載の図版〕のようになります。

▼〝ベータ線※〟の寄与　※ベータ線とは、エネルギーの高い（＝高速の）電子のことです。

今回の訪問で得た結果でも、同一の場所では、30cmの高さ、50 cmの高さ、1 mの高さで放射線量は大きく変わりませんでした。一方、10 cm、1 cmになると放射線量が少しずつ高くなります。放射性のヨウ素やセシウムはガンマ線だけでなく、〝ベータ線〟も放出します。このベータ線はガンマ線より透過性が低く、2 mm程度の紙でブロックすることができます。また微量な大気中の分子によっても弱められます。そのため、ベータ線を含めた計測では、地面に近いほどその寄与が大きくなります。

放射性ヨウ素やセシウムから生じるベータ線は、2 mm程度の厚紙で止めることができます。また、ベータ線は大気中の分子によっても止まるため、1 mの高さでは、〝ガンマ線〟が支配的であり、10 cmでは〝ベータ線〟が支配的となります。実際に、2 mm程度の紙を地面に置いて測定すると、10 cmでも

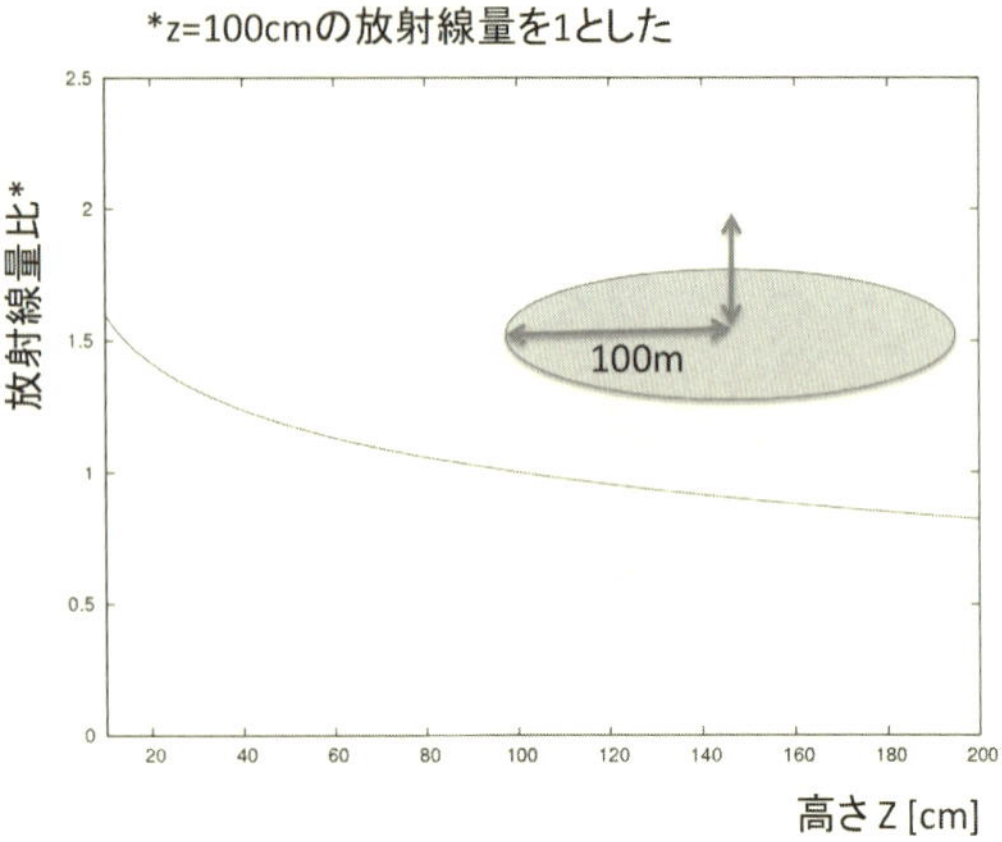

半径100 mの円内に放射性物質が均一に分布している場合の、その中心における地面からの距離（cm）による線量の減衰。高さが変わっても、放射線量にあまり変化がないことがわかります。
ガンマ線のエネルギーを0.6 MeV（減弱係数を0.0009689 cm^{-1}としました）

1mの高さに近い値を示しました。

ベータ線とはエネルギーの高い電子線のことです。電子線は放射線治療でも用いますが、電子線は体内深くまで到達できない性質を持っており、主に体表面の治療に用います。ベータ線では体表面付近のみ被ばくすることになります。（Cs-137から生じるベータ線（1.175 MeV）は体表面から2-3 mm程度で止まります）

実効線量は等価線量×組織加重係数（皮膚の組織加重係数は0.01）で見積もりますので、ベータ線による被ばくの寄与は、観測量より大分小さくなります。さらに肌の露出を避けていれば、ベータ線の影響をなくすことができます。したがって、外部被ばくを推定する場合、ガンマ線が支配的である1mの高さで計測される環境放射線量を用いるのが最も適切です。

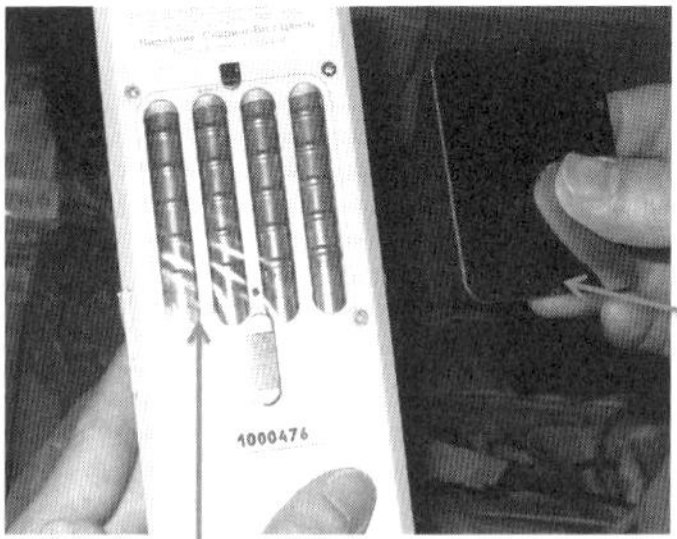

アルミ製板
これで検出部（ベータ線窓）を閉じるとガンマ線のみ計測することになります。

放射線検出部

一方で、学校のグランドでは、生徒らが体育や部活動で泥だらけになることは当然想定されなければなりません。土埃により放射性物質を体内に取り込んでしまう内部被ばくの危険性も、一般のケースに比べて高くなることも予想できます。そして、放射線防護の観点では、放射線量を出来うる限り低減させようとする努力は常に必要です。児童生徒のケアに対しては、土壌改良のような対策が求められます。

空間線量率結果のまとめ

私たちteam_nakagawaのモニタリング結果は、文科省のデータを良く再現いたしました。空間線量率の測定は、検出器があれば誰でも簡単に行えますが、測定条件が異なれば、当然異なった結果を与えます。ここで示した位置による変化や測定点の高さによる変化はその例でしょう。また、検出器の校正も定期的に行っ

表3. 飯舘村草野地区付近での空間線量率の高さ依存性［μSv］

測定点高さ	ベータ線窓開	ベータ線窓閉
100 cm	5~6	5~6
50 cm	9~10	5~6
10 cm	16~17	6~7

ベータ線窓開：ベータ線とガンマ線を計測
ベータ線窓閉：ガンマ線のみ計測
線量計はMKS-05 TERRAを使用

ていなければ、それによる単一のデータだけでは信頼性があるとは言えません。政府や自治体のデータを追試したり、継続して放射線測定を行う場合には、こうした事実をきちんと意識した計測が必要です。文科省や自治体の同一地点・高さでの経時的なモニタリングのデータ測定の積み重ねは、環境放射線量の変化や、原発から新たな放射性物質の放出がないことを確認する上でとても重要です。今後も継続していくこととともに、さらに広範囲に細かいデータ収集を行って欲しいと思います。

一方、測定目的・測定条件の提示や、測定の意図をわかりやすく説明する必要があります。こうした説明の欠如が、地域の皆様の不安や誤解を生む要因となるのではないでしょうか。放射線測定の専門家や学会・団体が、モニタリング活動を積極的に関与（援助）できる体制の早期構築を望みます。

（http://tnakagawa.exblog.jp/15529167/）

2011年05月13日

福島訪問——その3　土壌・山野草測定の結果について

空間線量率に引き続き、福島県を訪問した際に採取した、飯舘村小宮周辺、浪江町津島周辺、南相馬市（鹿島幼稚園・小中学校、八沢小学校、上真野小学校）の土壌サンプルおよび飯舘村で採れた山菜やほうれん草、浪江町で採れたふきのとうの放射能についての結果を報告いたします。

【ゲルマニウム検出器及び広窓GM管サーベイメータによる測定】

土壌や作物に含まれる放射性物質の種類と量を調べるには、放射性物質から発せられる〝ガンマ線のエネルギー〟を同定できるゲルマニウム検出器を使います。放射性ヨウ素131は崩壊によって、364 keV（キロエレクトロンボルト）のガンマ線を放出します。放射性セシウム134と放射性セシウム137はそれぞれ604 keVと661 keVのガンマ線を放出します。エネルギーの違うガンマ線の量を調べることで、土壌や作物に含まれる放射性物質の種類と量を調べることができます。

【ゲルマニウム検出器により得られるスペクトルの例】

しかし、放射性物質の量が少ない場合、ゲルマニウム検出器による測定では、定量するのに大変長い時間を要してしまいます。南相馬市にある幼稚園や小中学校の5–7 cm、10–12 cmでは放射性物質の量が少なく（これは大変良いことです）、まだ

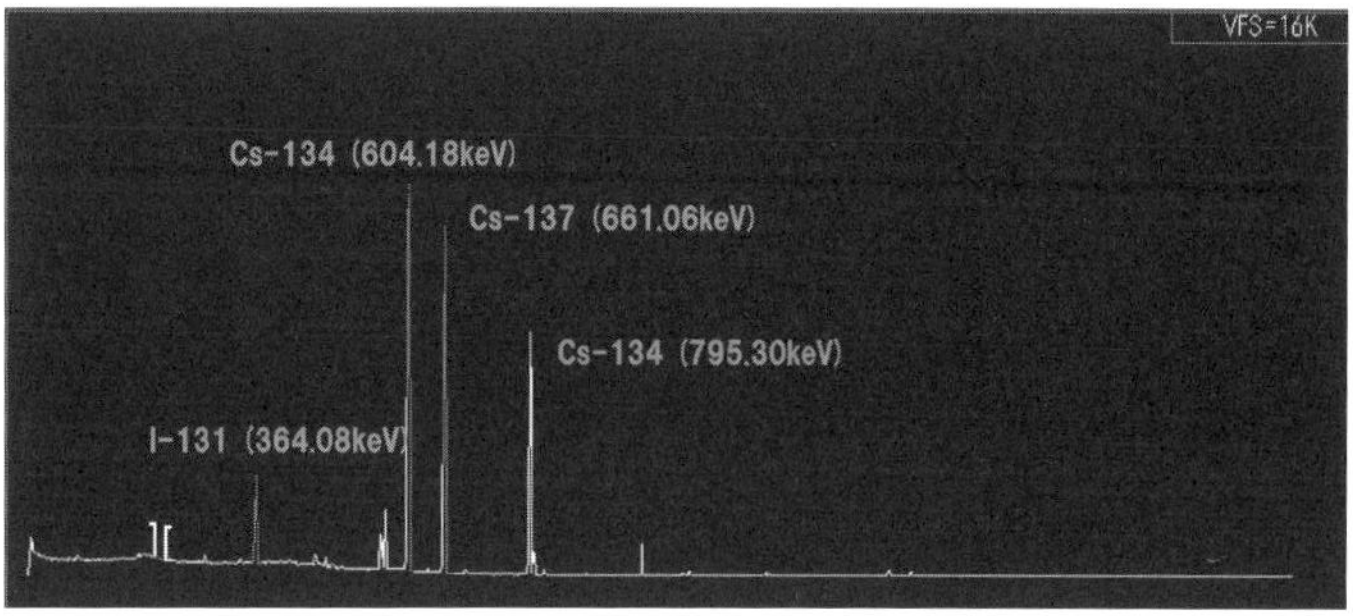

ゲルマニウム検出器では計測できていません。表層との放射線量の違いを示すために、簡易的にGM管による放射線量の測定も行いました。GM管ではヨウ素やセシウムの区別がつかず、また定量性もないため、あくまで参考値として見てください。

サンプルの量が同程度（250–350g）になるよう調整してGM管で計測後、よく混ぜた試料の一部（約100g）をU8容器にいれてゲルマニウム検出器により測定しています。

5cm深さのサンプルのゲルマニウム検出器による計測値は、浪江町の32地点しかまだありませんが、表層に比べヨウ素（I-131）

【土壌サンプルの放射能測定結果（4/29換算値）】

南相馬市	I-131	Cs-134	Cs-137	GM管
鹿島幼稚園（表層）	301	865	1077	163
鹿島幼稚園（5cm）	---	---	---	58
鹿島幼稚園（10cm）	---	---	---	36
鹿島幼稚園砂場（表層）	322	1577	2125	275
鹿島小学校-1（表層）	582	1615	2038	206
鹿島小学校-1（5cm）	---	---	---	17
鹿島小学校-1（10cm）	---	---	---	13
鹿島小学校-2（表層）	570	1478	1921	212
鹿島中学校（表層）	772	1894	2397	275
鹿島中学校（5cm）	---	---	---	24
鹿島中学校（10cm）	---	---	---	29
鹿島中学校（水溜りの泥）	---	---	---	395
八沢小学校（表層）	324	1120	1481	259
八沢小学校（5cm）	---	---	---	40
八沢小学校（10cm）	---	---	---	31
上真野小学校（表層）	567	1774	2364	180
上真野小学校（5cm）	---	---	---	41
上真野小学校（10cm）	---	---	---	33
上真野小学校-2（表層）	398	1433	1840	290

飯舘村	I-131	Cs-134	Cs-137	GM管
飯舘村小宮（表層）	47896	37941	47525	3683

浪江町	I-131	Cs-134	Cs-137	GM管
浪江-1（表層）	32547	34231	43140	5579
浪江-1（5cm）	4709	2885	3619	646
浪江32地点（表層）	19931	36240	46138	6413
浪江32地点（5cm）	2429	4486	5754	752
浪江32地点（10cm）	670	1596	2045	481

単位はBq/kg（GM管測定における単位はcpm/kg）
有効数字は2桁程度ですが、わかりやすくするため全ての桁を表示しています。
放射性核種の存在量は、全て4/29の値に換算しています。
GM管サーベイメータによる測定では、検出部に2mmのアクリル板を挿入しています（ベータ線を遮蔽するため）。

で7～8分の1、セシウム（Cs-134とCs-137）では8～11分の1になっていることがわかります。GM管での簡易測定からも、同じ傾向が見えます。

なお、土壌サンプルのGM管による測定値と、その地点での1m高さでの空間線量率のデータとの間には相関が見られます。

土壌の表層が放射性物質で汚染されていること、その放射性物質が半減期の長いセシウムであること、その量に応じて空間線量率が上昇すること、などという事実は、表層を除去することは大変有効な手段であることを示唆します。実際に、郡山市の報告では、表土除去を行った学校では、空間線量率の値が大幅に改善さ

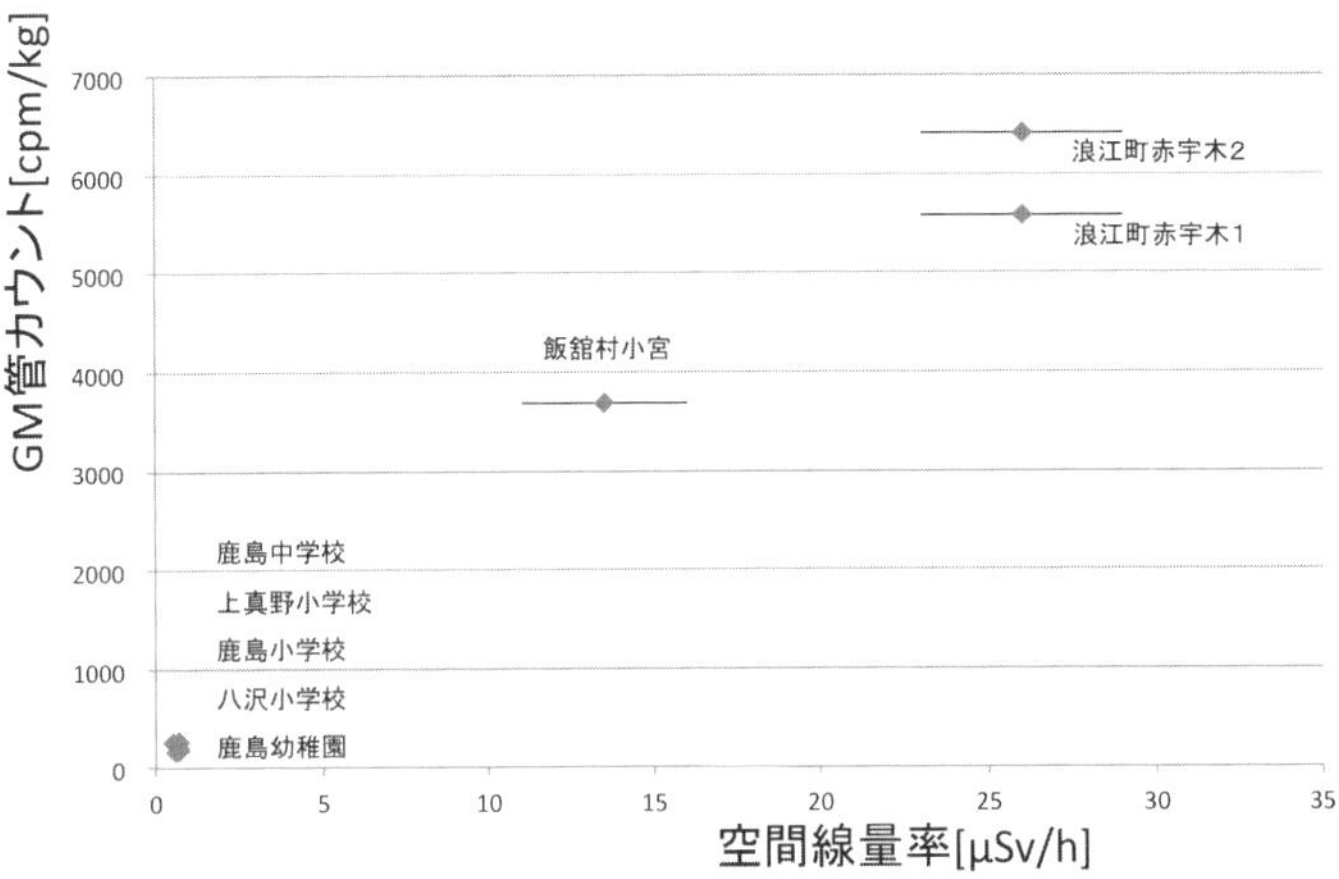

れています。5月8日に行われた日本原子力研究機構の同様な試験とも矛盾しません。
– http://www.city.koriyama.fukushima.jp/pcp_portal/PortalServlet?DISPLAY_ID=DIRECT&NEXT_DISPLAY_ID=U000004&CONTENTS_ID=23270
– http://www.mext.go.jp/a_menu/saigaijohou/syousai/1305946.htm

---

【山野草の放射能測定結果（4/29換算値）】

飯舘村は山菜の宝庫です。山菜採りを楽しみにされていた方も多くいらっしゃったと聞きます。キノコ類やゼンマイなどの山菜にセシウムが集積しやすいこと〔が〕知られています。飯舘村の住民の方に協力頂き、ホウレンソウや山菜をご提供いただきました。その簡易測定結果は以下〔次頁掲載の表〕のようになります。

ほうれん草以外は水洗いしていませんので、大きめに評価されています。それでもかなり大きな数値です。早急の対策を講じることが必要です。（原発から北西部に位置する山間で採取された、規制の掛からない山野草に関しては、絶対に食べないように注意喚起するとともに、空間線量率のみで被ばく量を算出する現在の方法の変更を、政府や自治体に提案を行っています。）

今回、山野草に高かった理由についてですが、以下のように考えられます。植物

種類	I-131	Cs-134	Cs-137
たらの芽（飯舘村）	104	2874	3528
ぜんまい（飯舘村）	560	10240	13242
からし菜（飯舘村）	191	462	606
ふきのとう（浪江町32地点）	1078	9681	12061
ほうれん草根（飯舘村）水洗い	317	766	1036
ほうれん草茎（飯舘村）水洗い	77	426	539
ほうれん草葉（飯舘村）水洗い	489	2660	3353

単位はBq/kg
有効数字は2桁程度ですが、わかりやすくするため全ての桁を表示しています。
放射性核種の存在量は、全て4/29の値に換算しています。
“ぜんまい”は、採取量（3.6 g）が少ないため、kg換算時に誤差が大きくなっていると推察されます。

の根は一見土壌深くに入り込んでいるように見えますが、実際には相当量が表面数センチに張っています。また、セシウム〔が〕降ってきてせいぜい2ヶ月、ということもあり、土壌に吸着してはいますが、それでも動き易いものが多く存在します。春の芽吹きとともに吸水力や栄養吸収力がアップした山野草は、一気にこの「動き易いセシウム」も吸収し、そのためセシウム濃度が高まったのが理由の一つと考えられます。

(http://tnakagawa.exblog.jp/15529408/)

2011年05月13日
福島訪問――その4　対策に対する提案

国際放射線防護委員会（ICRP）レポート111の解説*に記載したように、〝線量の管理〟を行う際には、ある地域における「平均的な個人の振る舞いとその被ばく量」を想定し、対策を立てることは適切とは言えません。個人や生活習慣が似ているグループ毎に行われるべきです。その理由には、屋内外に滞在する時間の違いや放射線量の局所的な汚染の分布、食生活の違いなどが挙げられます。

今回の訪問により得られた知見から、地域住民の皆さん、政府や自治体に、対策していただきたい事例（既に提案しています）を以下に挙げます。

1　警戒区域・計画的避難区域の設定について

政府は4月21日、22日付の報告で原発20 km以内を一律警戒区域に、20–30 km圏内の一部地域を計画的避難区域に設定しました。

– http://www.meti.go.jp/earthquake/nuclear/shiji_1f.html

– http://www.kantei.go.jp/saigai/20110411keikakuhinan.html

計画的避難区域には福島県葛尾村、浪江町、飯舘村、川俣町の一部及び南相馬市の一部（原発20 km圏外地域の一部）が含まれます。今回の線量評価でもわれわれが訪問した浪江町、飯舘村についてはは屋外では5 μSv/hを超える地域がほとんどでした。そのため環境放射線線量のみを考慮した場合、避難はやむを得ないと考えます。しかしそれらの地域でも同時にコンクリート建屋内では1 μSv/h以下になることもわかりました。飯舘村の特別養護老人ホームの方々などは、避難する方が、リスクが高いと言えます（http://Tnakagawa.exblog.jp/15420108/）。

地震および原発事故による大混乱のまま2ヶ月が経過しようとしておりますが、今後はICRP 111に従った、個人レベルでの被ばく管理および「防護方策の最適化」と「防護方策の正当化」に従った具体的な施策を行っていただけるよう〔お〕願いをしていきます。

2　学校グランドの対策について

外部被ばくに関しては、1 mの高さで計測される環境放射線量を用いるのが適切

＊――2012年9月付記：本書に再録しました。154頁以降参照。

であると述べましたが、

– http://tnakagawa.exblog.jp/15529167/

一方で、学校のグランドでは、生徒らが体育や部活動で泥だらけになることは想定されなければなりません。土埃による内部被ばくの危険性も、一般のケースに比べて高くなることも予想できます。児童生徒に対する個人被ばくの推定には、環境放射線量だけに頼らない対策が求められます。

放射性物質の濃度が高いことが推定される学校のグランドの場合、以下の手段が有効であると考えます。

①校庭グランドの表層を削る。
②学校敷地内の安全な場所に一時的に保管
③国や県が主導となり、適切な保管場所に移送する

4月28日時点の郡山市の報告では、実際に表土除去を行った学校では、空間線量率の値が大幅に改善されています。

– http://www.city.koriyama.fukushima.jp/pcp_portal/PortalServlet?DISPLAY_ID=DIRECT&NEXT_DISPLAY_ID=U000004&CONTENTS_ID=23270

私たちの今回の調査でも、表層2cm程度のところにほとんどの放射性物質が存

在していることが確認されました。

学校のグランドの表層を削ることは、将来ある子供の余計な被ばくを確実に減らすことができると考えられます。今後、梅雨の季節を迎えると、雨により土壌深くに放射性物質がしみこんでいくかもしれません。私たちは表層の除去とその一時保管について、できるだけ早期に着手することを政府に要求してきました。文科省は5月12日に「実地調査を踏まえた学校等の校庭・園庭における空間線量低減策について」を発表し、日本原子力研究開発機構の〝児童生徒等の受ける線量を減らしていく観点から、「まとめて地下に集中的に置く方法」と「上下置換法」の2つの方法は有効である」〟という報告から、被ばく低減策に取り組み始めました。

―http://www.mext.go.jp/a_menu/saigaijohou/syousai/1305946.htm

私たちの結果は、このような対策が被ばくの低減に対し有効であることを示しています。

―http://Tnakagawa.exblog.jp/15529408/

「まとめて地下に集中的に置く方法」と「上下置換法」については現実的な方法が取られるものと思われますが、いずれにしても、早期の着手を期待しています。

3　山菜、キノコ、根野菜の摂取について

現在、Cs-134、Cs-137は土壌表面に存在しています。これらは数年から数十年をかけてゆっくりと、より深い部分にも入り込んでいきます。山菜、キノコ、根野菜は土壌の栄養分として様々な物質を吸い上げますが、セシウムも吸い上げてしまうことが判明しております。汚染地域の山菜、キノコ、根野菜を無秩序に摂取してしまうと余計な内部被ばくにつながるため、内部被ばくを考慮した被ばく量の評価を行う必要があります。今回、われわれは地元住民の了解のもと、飯舘村に生えている山菜をいくつか採取させていただきました。その値はセシウムの暫定規制値500 Bq/kgを超えていました。カリウムを多く含む山野草では、セシウムもまた濃度が高くなる可能性があるので、注意が必要です。規制の掛からないこれらの食物は、決して食べないように注意を徹底することが大事です。また、空間線量率のみで被ばく量を算出する現在の方法を変更すべきです。特に、これまでの食物の摂取に関する調査を行うことを政府や自治体に提案します。

4　勉強会の開催について

放射線は目に見えず、人体への影響もわかりづらいこと、わかっていな〔い〕ことなどがあり、不安を大きくしています。また風評や偏見も拡がっています。専門家を交えた、原発近郊の地域住民の皆さまに対する意見交換会や勉強会は大変重要であると考えます。こうした機会を自治体だけではなく、各専門の学会が単独で、もしくは共同しながら作っていく必要があります。私たちもそのような働きかけを進めています。

(http://tnakagawa.exblog.jp/15529507/)

2012年9月時点で、1年4ヶ月前のブログの記事を再読してみると、多少、我田引水ではありますが、事故後の対策の指針となる指摘が数多く見られると思います。ブログでの指摘のうち、重要かつ今後も留意すべき点を以下に整理してみます。

①空間線量のばらつきと〝ホットスポット〟の存在(広域でも、校庭などでも)。
②データ公開の重要性と公表データがおおむね妥当であること。
③放射性セシウムの土壌の表層部への局在。また、表土除去などによる〝除染〟が有効であること。
④山菜やきのこなど、特定の食品の高い放射能レベルに関する住民への周知と警告。

⑤「ICRP 111」の重要性とその指針に従った「防護の最適化と正当化」の提言。（これは、「いいたてホーム」の残留につながりました。）

⑥住民との意見交換会や勉強会など、リスク・コミュニケーションの重要性。（これは今後もっとも重要なテーマになります。）

本章冒頭で「計画的避難」の理不尽に触れました。村長が国の方針に唯々《いい》諾々《だくだく》と従わず、明確に対抗しえたのは、痛切な個人的経験によるものです。

村長の義理のお母さんが、南相馬の老人ホームに入っていらした。とるものもとりあえず避難した。南相馬は地震・津波の被害も大きかったので、老人ホームの人たちも、まるで火事場のように避難しなくてはならず、義理のお母さんは2週間後、お骨になって帰ってこられたと聞きました。避難というのは、かくも過酷なものなのか、身にしみてわかったと。

施設の入居者が避難すると、死亡率は3倍になるというデータがあります。その懸念もあり、老人ホームは避難せずにすむように、政府に働きかけていたというのですが、全く聞く耳をもたなかったようです。

そのタイミングで私たちが飯舘村を訪問したのです。東京から「いいたてホーム」

へはほとんど訪問者がいなかった。福島県放射線健康リスク管理アドバイザーに就任された山下俊一先生他のみなさん、また、線量測定の方々を除くと、村に来る人はいても、わざわざ老人ホームを見に来る人なんていない。

「いいたてホーム」は、1997年に開設され、当初は特養30床・ショート10床開所（個室8、2人部屋16）でしたが、2009年には「特養ユニット型個室30床増築　開所（特養110床・ショート10床）個室102室、2人部屋14室」と拡張されていました。2008年のデータで、職員は129人。

アポイントメントもなくお邪魔したのでしたが、三瓶政美施設長が快く迎えてくれ、実際どういう方々が入所されているか、空間線量・空間線量率などを教えてもらいました。すると、空間線量はさほどではないことがわかった。鉄筋コンクリートの建物で非常に大きく、周りの土と距離があるから、建物の中央部の線量は低かった（毎時約0・5マイクロシーベルト。これは室外の10分の1程度）。三瓶さんの部屋は窓際にあったため、たしかに空間線量は高かった。しかし、ホームに暮らすお年寄りたちは大量の被ばくをしていませんでした。

そもそも、誰の体でも毎日がん細胞はできています。一説によると毎日5000個です。免疫機構が備わっているので、できたてのがん細胞を攻撃し死滅させる。がん細胞の自然死も多い。それがたまたま免疫に見過ごされたときに初めて、10年から20年という時間をかけてがんの塊《かたまり》に増殖していく。

「いいたてホーム」の入所者の平均年齢は85歳、中には102歳のおばあちゃんもいた。その方たちにとっては、低線量被ばくを恐れて避難することのメリットはほとんどないのです。発がんやがん死を恐れるとしても、がんの成長速度を考えれば、あわてて避難する方がリスクは高い。生活環境の激変、一緒に家族のように暮らしていた方々との別離、日常的に接している職員との交流が断たれるなど、避難すれば確実に死亡率は上がるのですから。

そこで、文部科学副大臣だった鈴木寛氏に連絡し、「歴史に残る愚策になるのでやめてほしい」と申し上げたところ、すぐ動いてくださった。2、3日後に、当時の岡田幹事長がホームを訪問した。それで、ホームは残すことになったのです。本当によかったと思います。

似たような残留の例はもうひとつあります。菊池製作所という上場企業が村の中にあります。村の税収の柱でもあるでしょうから、より経済的な理由によるところが大きいかもしれません。よく残したと思います。村にとっては重要な税収源ですから、ないがしろにできない。村への帰還を目指す以上、簡単に廃業となっては困る。

従業員が個人線量計をつけ、村外のもともとの住居から、あるいは、避難先から通勤するわけですが、だいたい月間0・2ミリシーベルト（2011年秋時点）の被ばくです。この評価は異論もあるでしょう。たしかに、放射線被ばくによる健康被害という点では、従業員はまだ若いし難しい問題です。

同時に、従業員にとって雇用の問題は大きい。避難した方々がその先で職探しに苦労されていることがわかるからです。「いいたてホーム」のお年寄りとは、また状況が違います。

この二つのケースは、平時よりは高い放射線に被ばくする状況で生きていく「現存被ばく状況」を考えるモデルになり得ますし、両者をそれぞれ留まることで残す・通勤することで残す、という選択は正しいと思います。

ちょうどその頃、『放射線のひみつ』という本を準備していました。おそらく一般の方々は初めて耳にされたと思いますが、その中で「ICRP Publication 111」（国際放射線防護委員会、2009年）の解説を書きました。

このレポートの原題は、「原子力事故または放射線緊急事態後の長期汚染地域に居住する人々の防護に対する委員会勧告の適用」という、たいへん長いものです。「長期汚染地域」とあることに注意してください。「長期」があれば「短期」があります。

このレポートの前に、「緊急時被ばく状況における人々に対する防護のための委員会勧告の適用」が出されており、「ICRP Publication 109」（国際放射線防護委員会、2008年）と題されています。こちらは「緊急時」に対応したもので、「長期」と一対をなしているのです。

ちなみにそれらを包摂《ほうせつ》するのが、先にも述べた「ICRP Publication 103」（2007年勧告）です。現在、文部科学省の放射線審議会基本部会で、国内制度への取り入れの検討が進んでいるものです。

昨年（2011年）3月、このICRP（国際放射線防護委員会）は福島第一原発事故に際して、異例の勧告を出しています。当時のブログを引きます。

2011年03月29日

2011年3月21日付け　国際放射線防護委員会勧告

今回の福島第一原子力発電所の事故に対して、国際放射線防護委員会が「緊急時における一時的な回避線量」について勧告をおこなっています。この勧告では、現在のような緊急事態において一時的に市民の被ばくが20–100 mSvになるように上限を定め、原発事故が制御された以降、上限を年間1–20 mSvとし、元の上限である1 mSvに戻すよう長期的目標を定めることを勧告しています。また救助隊員の線量回避レベルについても勧告しています。

以下をご参照ください。

<INTERNATIONAL COMMISSION ON RADIOLOGICAL PROTECTION>

（ICRP March 21, 2011）原文

（ＩＣＲＰ ２０１１〔年〕３月21日）日本語訳（非公式）

March 21, 2011

Fukushima Nuclear Power Plant Accident〔邦訳試案〕

福島原発事故

国際放射線防護委員会（ＩＣＲＰ）は、それぞれの国の出来事に対しては通常コメントを行わない。しかし、我々は、このたびの悲劇的な出来事の影響を蒙った各位に、衷心より同情の念を表明したい。私たちの思いは日本のみなさんと共にある。

日本人の同僚幾人か、また、日本国内および国際的な機関と専門協会から得た情

報によって、一連の最新情報が明らかになるとともに、我々は終始、最新の状況（特に福島原発に関する状況）に対応してきたつもりだし、現在も対応している。

事態を制御しようとする現在の努力がただちに結実することを願い、また、緊急状況および汚染領域での放射線防護に対して、最近の我々の勧告が、現在と将来の事態を扱う上で、これまで同様、今後も一助となることを切望している。

緊急時被ばく状況、および、現存被ばく状況における電離放射線からの被ばくに対して十分な防護を確保するために、委員会は引き続き、最適化と参考レベルの使用を勧告する。

緊急時に一般の人々を防護するためには、委員会は参考レベルを、最も高いところで回避線量が20–100 mSvの範囲になるように国内当局が設定すること、このことを引き続き勧告する（ICRP 2007, 表8）。

放射線源が制御できたとしても、汚染地域は依然残りうる。人々がその地域を放棄することなく住み続けることができるよう、当局が必要なあらゆる防護策を講じることが一般的であろう。その場合は、委員会は1年間に1–20 mSvの範囲の参考レベルを選択し、長期目標として参考レベルを年間1 mSvとすることを引き続き勧告する（ICRP 2009b, 48–50段落）。

緊急の被ばく状況に関わっている救助隊員が、被ばくによって蒙りうる重篤な放射線障害を回避するためのレベルとしては、委員会は500–1000 mSvの参考レベルを勧告し続けている。したがって、必要ならば、緊急時の計画段階でも、実際の緊急時対応の段階でも、予測される被ばくをこのレベル以下に減らすために、相当量の資源を費やすことが妥当だろう（ICRP 2007の表8と、ICRP 2009 aのパラグラフe）。

さらに、もし他者に対する利益が救助隊員のリスクよりも大きい場合には、しかるべくリスクを知らされたボランティアたちによる救命活動に対して、線量制限は行わないことを引き続き勧告する（ICRP 2007 表8）。

我々は、日本でこの厳しい状況に対応している専門家たちが払っている、たゆまぬ努力を注意深く見守っている。そして、次回予定されているソウルでの会議の折に、緊急時被ばく状況に対する我々の勧告について得られる教訓を検討するつもりだ。

ＩＣＲＰ代表 Claire Cousins
ＩＣＲＰ科学秘書官 Christopher Clement

※日本語版を用意いたしましたが、正確な内容等には原文のご確認をお願い〔し〕ます。

以下は、日本学術会議が出した和訳です。

―http://www.scj.go.jp/ja/info/jishin/pdf/t-110405-3j.pdf

(http://tnakagawa.exblog.jp/15128161/)

そして、「ICRP 111」、つまり「原子力事故または放射線緊急事態後の長期汚染地域に居住する人々の防護に対する委員会勧告の適用」は、当時まだ翻訳が出ていなかったので、チームのスタッフが要約をつくりブログにアップしました。こんな記事です。

2011年04月26日

国際放射線防護委員員〔会〕レポート111号(ICRP 111)

2008年にまとめられた「国際放射線防護委員会」レポート111号「原子力事故もしくは緊急放射線被ばく後の長期汚染地域住民の防護に関する委員勧告」(注1)が、2011年4月4日付けで特別無償配布されています。

このレポートは、適応される状況が異なる「緊急時被ばく状況における放射線防護に関する委員勧告の適用」(ICRP 109)とともにまとめられました。現在、そして今後の福島第一原発事故による放射線被ばくと、どう向き合うかを考える上で大変参考となるレポートです。

福島第一原発事故は、まだ予断を許さない状況です。しかし、近隣の住民は生活を営みつつ、復興を目指しながら、放射線防護と取り組んでいかねばなりません。そのためには、専門家集団のほか、自治体とともに、政府や関係機関の援助が不可欠です。

過去の原発事故でもそうでしたが、今回の福島第一原発事故でも、その近隣の住民のみなさんは、できることなら、その地を離れなくてすむことを願っておられる方が多いと思います。さらに、土地利用や生活様式に制限が課せられる場合であっても、長期的に、できる限り当たり前の日常を送りたいと、望んでいる方もおられると思います。自分の生活を続けることを望み、そうするためであれば困難を乗り

注1 ―― ICRP Publication 111, Application of the Commission's Recommendations to the Protection of People Living in Long-term Contaminated Areas after a Nuclear Accident or a Radiation Emergency.〔２０１２年９月付記：邦題は「原子力事故または放射線緊急事態後の長期汚染地域に居住する人々の防護に対する委員会勧告の適用」〕
http://www.icrp.org/publication.asp?id=ICRP%20Publication%20111

越えようと努力されることでしょう。

このレポートは、その手引きとなります。そして、この手引きを活用しながら、適切に今回の事態と向き合えば、原発近隣の住民の方の健康被害（放射線による直接的な悪影響だけではなく、食品不足による健全な食生活が送れない、適度な運動をしない、など、付随する影響）を避けることができるのではないかと考えられます。

また、原発近郊に居住されている方と、東京など、原発から離れた地に住む市民では、それぞれ置かれている環境が異なります。しかし、原発災害からの復興のために、「放射線防護の考え方」を全日本国民が共有する必要があります。

そのため、私たちteam_nakagawaは、なるべく多くの方に、この「ICRP 111」を読んでもらいたいと考え、独自に日本語訳を進める一方、ICRPから翻訳・出版権を取得された日本アイソトープ協会に、日本語訳（暫定版）の公開をお願いしてきました。4月20日、暫定翻訳版が公開されました(注2)。

暫定版とは言え、今回、日本アイソトープ協会から、邦訳が公開されたことは大変大きな意義を持ちます。いま福島原発とその周辺地域で進行中の事態をどう捉えるか、どんな施策を講じるべきか、留意すべき点には何があるのか、それらについて、たいへん有益なレポートだからです。チェルノブイリ原発事故などの経験を通して人類が蓄積してきた英知に満ちたものだと言えるでしょう。

ただ、翻訳のせいではなく、もともと（放射線防護に関わる）かなり専門的な文書であるため、一読してもなかなか理解できない、というご意見をいただきました。そこで、今回の状況に合わせ、私たちなりにポイントを整理いたしました。以下、一種の「サマリー」と受けとめていただければと存じます。

▼ポイント①――「緊急時被ばく状況」から「現存被ばく状況」へシフト

・「緊急時被ばく状況」とは、高いレベルの放射線被ばくが生じる可能性があり、国（政府）によって緊急的な避難や待機が行われるべき状況（避難区域、計画的避難区域など）を指します。現時点で、原発周辺の地域が置かれている状況です。

・「現存被ばく状況」とは、被ばく事故直後の「緊急時被ばく状況」に続く、復興途上の状況であり、まさに、今後、福島県民、そして日本人が直面することになる

注2――http://www.jrias.or.jp/index.cfm/6,15092,76,1,html〔2012年9月付記：現在は暫定版（ドラフト版）ではなく、完成版が以下から無料で閲覧できます（日本アイソトープ協会）。http://www.jrias.or.jp/books/cat/sub1-01/101-14.html〕

事態です。避難区域外の地域と今後想定される〝避難指示が解除された地域〟などを指します。

・「ICRP 111」レポートでは、後者の「現存被ばく状況」における放射線防護についての考え方がまとめられています。まさに、今の日本人に必要〔な〕〝手引き〟だと言えます。

（補遺）3月15日以降、放射性物質の大気中への大量飛散が抑えられており、避難区域外や警戒区域外では、学校がスタートするなど、震災や原発事故に影響された生活の改善が進められています。したがって、国（政府）は現在、放射線量が通常より高い居住可能地域を「現存被ばく状況」にある、と判断していると考えられます。福島第一原発事故は、いまだ原子炉のコントロールができていない状況下にありますが、大気中への大量飛散が抑えられている点や事故から1ヶ月以上経過している点を踏まえ、「緊急時被ばく状況」から「現存被ばくの状況」へ〔の〕シフトが重要なポイントとなります。

▼ポイント②──個人線量による被ばくの管理

・被ばくレベルは〝個々人の行動（生活、食習慣、避難の仕方など）〟によって、ほぼ決定されますので、〝平均的な被ばく〟を想定した管理方法は不適切です。個々人の被ばく量、もしくは、さまざまな被ばくグループに応じたきめ細かな対応が必要になります。（コストをどこまでかけられるかは別の議論になりますが、例えば住民への個人線量計の配布などは、これに含まれるでしょう。）

▼ポイント③――「防護方策の最適化」と「防護方策の正当化」が大事

・「防護方策の最適化」とは、被ばくがもたらす不利益と、関連する経済的・社会的要素（避難生活、収入面、生き甲斐・誇り、などなど）とのバランスにより、最適な放射線防護の方策が決められるべきだということです。

・「防護方策の正当化」とは、防護方策は、結果的には、住民に不便を要求するものになってしまいますから、被ばくによるリスクとのバランスを考慮して、〝不便の強要〟に、正当な根拠があることを示さなくてはならないということです。

・防護方策を決めるにあたり、もとになったデータや想定条件は明確に示される必要があります。重要な情報はすべての関係者に提供されること、意志決定プロセスを第三者が追跡できることが前提になります。

（補遺）福島第一原発事故において、現在、何が最適な（ベストな）方策か、判断することは極めて難しい課題です。例えば食品の消費者と生産者、地域住民とそれ以外の国民、それぞれの意見の共有と連帯が必要となります。

具体例を挙げると、食品の暫定規制値の決定と、それに伴う出荷制限があります。最適化方策は、〝国民を放射線被ばくから防護する必要性〟と、〝地域の産物が市場に受け入れられ、地元経済が生き残る必要性〟とのバランスを要します。このためには、繰り返しになりますが、地域住民とそれ以外の国民の意見の共有と連帯がとても大事になってくるでしょう。時として、国民一人一人が、一度エゴを捨てて、まとまる必要があると思います。

また、参考レベルを設定した個人被ばくの管理、就労時間、学校での校庭の使用時間の制限なども、最適化のプロセスを踏んで実施されるべきです。

また、防護方策の実施は固定されたものではありません。状況を踏まえて、必要ならば、修正をしていくことで、その時々の状況において最適な（ベストな）放射線防護の方策が、その都度、練られ・合意され・実施されていくものでなければならないと思います。

▼ポイント④——参考レベル

参考レベルとは、それを超えたら、避難などの対策を実行すべき放射線量のことです。ICRPでは、参考レベルを1 mSv–20 mSvの低い部分から（可能ならできるだけ低く）設定されるべきであり、設定にあたっては、「外部被ばく」「内部被ばく」双方による推定値がそれを下回るようにすべきです。長期には1 mSv/年が参考レベルとなります（現在の法的な〝公衆の被ばく限度〟が1 mSv/年です）。また、参考レベル以下であっても、さらに放射線量を低減できる余地があれば防護措置を講じるべきだとしています。

（補遺）今後の福島第一原発事故の影響を考えたときに、住民の放射線被ばくによる「リスク」と「地域住民（その地に留まり、生活を続けたい）の意向」のバランスにより、避難区域や警戒区域、基準となる参考レベルなどが設定され、状況に応じて改正されていかなければなりません。

100 mSvの被ばく量の蓄積で、最大0.5%程度の「発がん*」のリスクが上昇します。

*——2012年9月付記：正しくは「生涯累積がん死亡リスク」でした。66頁を参照ください。

100 mSv未満の蓄積による「発がん」のリスクについて、科学者の間でも、一致した見解が得られていません。

参照レベルを「1 mSv–20 mSvの低い部分から（可能ならできるだけ低く）選定されるべき」とするのは、不必要な被ばくを抑えることを前提としつつも、設定された参照レベル以下の被ばく量であれば、それによる「発がん」のリスクをはるかに上回るメリットが、その地域に留まることで得られる（もしくは、他の地域へ避難するリスクより小さくなる）ということを意味しています。

不必要な被ばくを抑えることは、放射線防護の基本です。原発事故による住民の被ばくを極力さける努力は継続しなければなりません。一方で、現在置かれている放射線によるリスクを理解した上で、その地で普段通りの（もしくは放射線防護の取り組みを取り入れた）生活の営みを選びたいという方は、決して少数派ではないと思います。その際には、年齢などを考慮する必要もあるでしょう。

▼ポイント⑤——住民の参加（自助努力による防護策）

・住民は、放射能及びその影響について、当然ながら、不安に思います。自助努力による防護策とは、生活環境に存在する放射線からの防護（周辺の環境や食品から

〔の〕被ばくなどからの防護）、また、住民自身の被ばく状況の管理（内部被ばくや外部被ばく）、子供たちや老人へのサポート、そして、被ばくを低減するよう、生活を復興環境に適応したものにしていく仕組み（生活しながら放射線防護策を講じること）です。

・地域住民のみなさんは、地域評議会などに、進んで参加し、コミットしていくべきです（国や県はそうした組織の設立を推進すべきでしょう）。

・放射線防護策の計画策定に、住民のみなさん自身が関与することが、持続可能なプログラムを実施していく上で重要です（政府が、プログラムを上から押しつけるのではダメ）。

▼ポイント⑥――当局（国や県）の責任

・被ばくが最も大きい人々を防護するとともに、あらゆる個人被ばくを可能な限り低減するための「放射線防護策」の策定とその根拠を示すこと。

・居住地域を決め、その地域における総合的な便益を住民に保証する責任。

・個人被ばくの把握、建物の除染、土壌及び植生の改善、畜産の変更、環境および農産物のモニタリング、安全な食料の提供、廃棄物の処理、さまざまな情報提供、住民へのガイダンス、設備の提供、健康監視、子供たちへの教育。
・被ばく量についての参考レベルの設定。
・住民の健康や教育を担当する専門家たちに対して、「実用的な放射線防護」の考え方が理解されるよう働きかけること。
・代表者や専門家（医師、放射線防護、農業など）が参加する地域評議会を推進していくこと。

このレポート「ICRP 111」は、原発事故等に際して、想定しうる多様な事象が考慮されているため、書き方が非常に抽象的になっています。このレポートをもとに、具体的な政策・施策をどう策定していくかは、私たち日本国民に委ねられています。

4月22日日午前0時、福島第一原発から半径20キロ圏内は、災害対策基本法に基づく「警戒区域」に設定されました。原則的な立ち入り禁止区域が、これだけ広範な生活圏に指定されたことの意味は大きいと考えます。

また、半径20キロ圏外の地域に目を転じれば、放射線の年間積算量が20ミリシーベルト以上に達すると予測される地域が「計画的避難区域」に指定されました。さらに、20キロから30キロ圏内の一部の地域に対しては、「緊急時避難準備区域」と指定され、この地域には、緊急事態に備えて、屋内退避や避難の準備を求める、とされます。

私たちは、「ICRP 111」が説くように、そうした地域の住民のみなさんの意向に耳を傾け、それを最大限、尊重することが非常に重要だと思います。また、専門家を交え、健康、環境、経済、心理、倫理などが複雑に絡まり合う問題に、合意が形成できる答えを、早急に出さなければならない、とも感じています。

そして、まずなによりも、政府及び関係機関は、地域の住民のみなさん、そして全国民に、長期的な放射線防護の戦略を具体化し、わかりやすく説明すること（そして私たち専門家も、国とは独立に積極的に関与すること）がとても重要であると考えています。


（http://tnakagawa.exblog.jp/15365406/）


このレポートは、原文も難解ですし、翻訳もたいへん手間のかかるものだったと思います。私たちのチームでこの要約をつくったのは、「放射線防護」の参考にすべき雛型《ひながた》になる、と確信したからです。

福島第一原発事故は起きてはならないものでしたが、緊急事態の後、「現存被ばく状況」と呼ばれる長期にわたる放射線との共存が続きます。その中でとるべき対策とは何か、それに大きな示唆を与える「ICRP 111」が2009年に刊行されていたことは（国内の法令や制度にはまだ取り込まれていませんが）、たいへん心強いことだったと思います。

チームで作成した要約について、「今読んで、ようやくその価値がわかる」と言ってくださる方もあります。当時、あの要約だけを読んで理解するのは困難だったかもしれません。しかし、今となれば、いかなる意味があるかということはわかっていただけると思います。

自然放射線や医療被ばくを除いて、余分な放射線は1ミリシーベルトでも浴びてはいけない、と連呼して危機を煽《あお》る人たちは、本当に何もわかっていないということが、ＩＣＲＰのレポートから読み取れるはずです。

「現存被ばく状況」という言葉・概念のリアルな含意が共有されてほしい、と願っています。大事なのは、ゼロか一かではなく「ものさし」です。そして、「ものさしを使って自分で選ぶ」ということです。さまざまな制約のなかでの選択ではあるでしょうが、菊池製作所の判断、いいたてホームの判断、村長の判断、いずれも苦渋の選択であったことは間違いありません。

「ＩＣＲＰ」の勧告や防護指針は、国際的な評価の定まったものとは言え、一民間専門機関の文書です。法律でもなく命令でもないので、あくまで「こうするのがよいのではないだろうか」というお薦めなのです。メニューは提示されている。

私などの感覚では、医者の立場に近いと思うのです（ＩＣＲＰの前身が、１９２８年、国際放射線医学会議で結成された「国際Ｘ線およびラジウム防護委員会」だったことを思い起こせば、少しも不思議ではないのですが）。

いわば「インフォームド・コンセント」なのです。広島・長崎の被爆者の生涯にわたる研究（ＬＳＳ〔ライフ・スパン・スタディ〕と言います）、スリーマイル島事故の経験、チェルノブイリ事故の経験等々、多くの放射線事故と災害から得られた研究成果と情報は開示します、同時に、自分たちは放射線防護の専門家として、かくかくしかじかの「メニュー」を提示します、各人それを知り読んで選んでください、ということです。

もちろん、絶対に間違っていることが確実な、治療と言えないおまじないや迷信はメニューの中に入れません。政治的な主張に裏打ちされねじ曲がった「論文」や「データ」も排除します。メニューは１００％の安全を保証できません。従って、リスクはこれだけあります、と書くわけです。

ただし、どれを選んでもその選択を尊重し、全力でフォローしますというのが約束（インフォームド・コンセント）に含まれています。それをパターナリズム（強者による弱者の囲い込み）と呼べば呼べるでしょう。しかし、必要な場合もあると私は思っています。

そうした担保（父兄主義）がないと、しばしば「おまえが選んだのだから、おまえのリスクだよね、自己責任でどうぞ」と言われてしまう。選択する側の立場に立てば、そんな前提で選択しろと言われても、心細くなる。どんなに画期的な治療法でも選べなくなるでしょう。これは医療には（原発災害でも）あってはならないと思うのです。

第四章

福島のお役に立ちたい

今後の課題

福島第一原発事故からすでに1年半を経過したこの時期に、何が重要になっているでしょうか。

まず、福島第一原発事故は、東京中心のメディアでは大きな扱いを受けなくなってきています。未曾有《みぞう》の事故の完全な収束まで何十年もかかるというのに、どうしたことだろう、と訝《いぶか》しく思います。

たしかに、東京など大都市の住民に被害が及ぶのではないか、と懸念される場合には、報道は大きな扱いになります（福島県産の農産物の放射性物質の測定結果で、ごく例外的に大きな数値が出たときなど）。しかし、福島第一原発事故は、徐々に記憶から薄れていこうとしているのではないでしょうか（反原発・脱原発運動のスローガンに使う「悲劇の象徴」としての利用は別にして）。

昨年（２０１１年）12月16日には野田総理から「発電所の事故そのものは収束に至ったと判断される」と、事故収束（「冷温停止状態」）宣言がありました。ここで注意すべきことがあります。おそらく多くの方は、報道をよく覚えておられないと思います。野田総理は、事故対応がもう終わる、と述べたわけではありません。

事故収束については「オンサイト（原発敷地内）の問題」と限定し、「オフサイト（敷地の外）では引き続き課題があり、事故の対応はこれで終わったわけではない」と強調した。除染に向けて来年度予算も含め1兆円超を用意し、来年4月をめどに作業員3万人以上を確保して進める考えも示した。（朝日新聞、2011年12月16日）

福島県を筆頭に各地で実施されている被ばく線量調査の結果は（内部被ばくも外部被ばくも）きわめて低いと報じられています。また、東京では大きな関心事であった水や食品流通での不安はほぼなくなったと思われます。

（事故後1年を過ぎた2012年4月から導入された食品衛生審議会の新基準値が功を奏しているでしょう〔厚労省の薬事・食品衛生審議会「食品衛生分科会放射性物質対策部会」〕。このことは生産者への一方的な負担増となっていることを考えると、公正に反すると私は思うのですが、政策的には、結果としてうまくいった、という評価を与えるべきかもしれません。）

しかし、地震・津波による被災者だけでなく、被ばくを避けるために警戒区域や計画的避難区域から数万人が避難し、いまだに家に帰れない暮らしを続けていることを思うと、東京のメディアや読者・視聴者の関心の低さには違和感を覚えます。

他方、この関心の低さと好対照をなすのですが、インターネットではいまだに「低線量被ばくの人体影響」について、極端な危険論が横行しています。

100ミリシーベルト未満では疫学的な手法を使っても（唯一の影響である）「致死的な発がん」があるのかないのかわからない。わからないと言っても、何も手がかりがないのではなく、疫学的な統計で有意差が出ないほど影響は微少である、ということが、なかなか理解されない。

「ICRP Publication 96」には次ページの表が記載されています。重要なので引用します。「表3.1 放射線によって誘発される健康影響についての要約」です。

これは、100ミリシーベルト以下でも（ごくわずかではあるが）発がんリスクが高まるというICRPが推奨する「直線しきい値なしモデル」に立つ場合でも、さすがに、10ミリシーベルト以下では、現実には増加は観測できないということを表明しています。一見、直線しきい値なしモデルに矛盾する記載とも言えますが、このモデル自体が、100ミリシーベルト以下については、防護上の「ポリシー」であることを忘れてはなりません。

事故から1年半が過ぎるというのに、国際的な共通了解となっている人体影響の評

予期される放射線量	影響	結果
極低線量：10 mSv以下（実効線量）	急性影響なし 非常にわずかながんリスクの増加	大きな被ばく集団でさえ、がん罹患率の増加は見られない
低線量：約100 mSv程度まで（実効線量）	急性影響なし その後、1％未満のがんリスク増加	被ばく集団が大きい場合（恐らく約10万人以上）、がん罹患率の増加が見られる可能性がある
中線量：約1000 mSv程度まで（急性全身線量）	吐き気、嘔吐もありうる、軽い骨髄抑制 その後、約10％のがんリスク増加	被ばくした集団が数百人以上の場合、がん罹患率の増加が恐らく見られる
高線量：約1000 mSv以上（急性全身線量）	吐き気が確実、骨髄症候群が起こりうる、約4000 mSvを超える急性全身線量では、医学的治療を行わないと致死リスクが高い かなりのがんリスクの増加	がん罹患率の増加が見られる

「放射線によって誘発される健康影響についての要約」

出典：ICRP Publ. 96, 表3.1
http://www.icrp.org/publication.asp?id=ICRP%20Publication%2096
http://www.jrias.or.jp/books/cat/sub1-08/108-11.html#06

価をどうしても受け入れたくない、という方々がいるのです。中には、たった一個の原子核の崩壊でも、その結果、放射線が生体のDNAを傷つけるので、がん死のリスクは確実に高まる、と述べる方がある。賛同者も多いように見える。「1ミリシーベルトが公衆の被ばく限度なのだから、政府や自治体は住民を避難させるべき」との意見もあるようです。福島に暮らす（避難生活を送る）人々の苦難と奮闘に応えるべき支援は、ここで見事に閑却《かんきゃく》されているのです。

そして、もう一つの忘却《ぼうきゃく》は、この事故の収束作業への無関心に現れていると思います。原子力発電所は、昨年3月以来、一日の休みもなく続けられる多数の作業員の必死の努力によって、奇跡的に事故の連鎖が食い止められている印象があります。原子炉の中の状態は誰にも確認できない。綱渡りの危険な作業が続けられているのです。過剰な危険を煽《あお》ろうというのではありません。とてつもなく困難な作業が続いていることを意識しておく必要がある、と言いたいのです。

本書でも繰り返し述べてきたように、私が気になるのは、とりわけ作業員のことです。一時はメディアにも取りあげられましたが、ここしばらくは、作業員の杜撰《ずさん》な管理が報じられる東電や「協力企業」叩きの材料として登場するばかりです。作業員の労働実態や被ばく線量管理について、耳を疑うような報道がなされますので（線量計を鉛の板で囲って数値を小さく見せようとした等々)、たしかに重大な問題ですし、事故を起こした企業を追い詰めるには恰好の材料でしょう。結果的に、作業環境改善の一助となることも疑いありません。しかし、作業員と彼らの日常は忘却されつつあるように思います。そもそも福島第一原発にいま何人が従事しているのか、すぐにわかる方は少ないでしょう(2012年9月26日現在で平日約3千名、内東京電力社員は1割程度。東京電力広報部による)。

福島第一原発1号機から4号機までの廃炉と廃止は決まったものの、原子力発電所から核燃料が取り出されたわけでもありません。政府と東電がまとめた「廃止措置等までの中長期的な計画」(2011年12月)によれば、「廃止措置等までのスケジュールとして3つの段階」があるとされています。

第1期では、今後2年以内を目標に使用済燃料プールの燃料取り出しを開始する予定です。

第2期では、10年以内を目標に燃料デブリ(燃料と被覆管《ひふくかん》等が溶融し再固化したもの)の取り出しを開始する予定です。

第3期は、その後燃料デブリを全て取り出し終わり、放射性廃棄物の処理・処分が終了するまでの期間で、30～40年後を目標にしています。
(http://www.tepco.co.jp/nu/fukushima-np/review/review3_1-j.html)

ご覧のように、「30～40年後を目標」とあります。順調に行って数十年続く困難な作業が、志気の高い作業員に担われてほしいと祈らずにおれません。

そのためには、作業員の雇用や健康管理はもちろん、緊急時の線量限度などについて、昨年のような付け焼き刃の議論――線量限度を一時的に500ミリシーベルトに引き上げることが議論されたものの実現されなかった（よかったと思います）――ではなく、早急に見直し、コンセンサスを得なければならないでしょう。

一般公衆に想定されるわずかな線量（数ミリシーベルト程度）の健康被害の可能性を（根拠もないままに）言い立て、福島の人々を不安に陥《おとしい》れるのではなく、はるかに高線量の被ばくの可能性の高い作業員の健康にこそ配慮が必要です。世間の関心が向けられなければ、ただ忘れられるだけです（事故前のように）。私たちの社会が原子力発電所を維持するにせよ、脱却するにせよ、被ばくし続ける作業員の存在抜きにはまったく展望は立たないのです。

そのためには、東電の社員と協力企業の社員からなる作業者への支援が言葉だけに終わらない、透明で制度的な保証を備えたものになる必要があると思います。

「現存被ばく状況」の認識に始まる

すでに述べましたが、福島第一原発事故以降、現在に至る状況は「平時」のそれでないことを認識しなければなりません。緊急時から平時への過渡期なのです。（ここで平時とは、放射線源が安全に管理されているという意味で「計画時」と呼ばれます。）

私たちが置かれている現在の状況をＩＣＲＰ（国際放射線防護委員会）では「現存《げんぞん》被ばく状況」と呼ぶのでした。英語ではexisting exposure situationと表現します。the existing systemと言えば「現行の制度」という意味ですから、「現存被ばく状況」は、「通常（平時）」とは異なった放射線源があり、追加被ばくをする状況」のことです。

福島第一原発から放出され飛散し降下した放射性物質を完全に回収・除染することはできませんから、たしかに、福島の人々も（それ以外の地域に住む）私たちも、事故前に比して、余分な被ばくをしていることになります。そして、「現存被ばく状況」は、放射性物質の物理的半減期に従って、また、除染作業の結果、さらには、風雨に洗い流されたりすることで空間線量率を徐々に下げながら、今後しばらく（数年単位で）続きます。

福島第一原発の敷地とその近傍は高濃度に汚染されていますから、人が普通に生活することはむずかしいでしょう。政府によって再編されつつある警戒区域・計画的避難区域のなかに「帰還困難区域」があることは、1、2年での帰還が不可能であることを物語るものです。

福島第一原発敷地内の汚染の程度は東京電力が定期的に発表しています。[*] どの程度の空間線量率であるか、ぜひお確かめください。

さて、福島の一部の地域を、ICRP（国際放射線防護委員会）の2007年勧告に従って「現存被ばく状況」と定義するのが適切だと私は思います。残念ながら、日本はまだその2007年勧告（ICRP Publ. 103）を国内制度に取り入れていないのです。福島第一原発事故のわずか2ヶ月前に、放射線審議会基本部会から「第二次中間報告」[**]が出されていたことを考えると、たいへん悔やまれます。

以下、重要な部分を抜粋しておきます。

> 2007年勧告の放射線防護体系の新しい枠組みとして、「計画被ばく状況」、「緊急時被ばく状況」、「現存被ばく状況」という放射線を伴う状況を基本とした区分が

用いられることとなった。

3つの被ばく状況の考え方に基づいて放射線防護体系を整理することが必要。

ICRP主委員会は、2007年勧告を2007年3月21日に採択した。2007年勧告は1990年勧告に代わる重要な勧告であり、ICRPが1990年勧告及びそれ以降に発行されたガイダンスを統合し、またこれらを整理したことによって、従来の放射線防護体系がさらに発展したものとなっている。

放射線防護の3つの基本原則（正当化、最適化、線量限度の適用）の維持

＊――東京電力「福島第一原子力発電所構内での計測データ」
http://www.tepco.co.jp/nu/fukushima-np/f1/index-j.html
＊＊――「国際放射線防護委員会（ICRP）2007年勧告（Pub.103）の国内制度等への取入れについて――第二次中間報告（平成23年1月、放射線審議会基本部会）」。
http://www.mext.go.jp/b_menu/shingi/housha/toushin/__icsFiles/afieldfile/2011/03/07/1302851_1.pdf

▼正当化の原則――放射線被ばくの状況を変化させるいかなる決定も、害より便益を大きくすべきである。
▼防護の最適化の原則――被ばくする可能性、被ばくする人の数、及びその人たちの個人線量の大きさは、すべて、経済的及び社会的要因を考慮して、合理的に達成できる限り低く保たれるべきである。
▼線量限度の適用の原則――患者の医療被ばくを除く計画被ばく状況においては、規制された線源からのいかなる個人の総線量も、委員会が勧告する適切な限度を超えるべきではない。

(5) 放射線防護のアプローチを「行為」と「介入」の区分による「プロセスに基づくアプローチ」から、以下の3つの区分による「状況に基づくアプローチ」に変更されている。
▼計画被ばく状況――線源の計画的な導入と運用を伴う状況である。計画被ばく状況は、発生が予想される被ばく(通常被ばく)と発生が予想されない被ばく(潜在被ばく)の両方を生じさせることがある。
▼緊急時被ばく状況――計画された状況を運用する間に、若しくは悪意ある行動か

ら、あるいは他の予想しない状況から発生する可能性がある好ましくない結果を避けたり減らしたりするために緊急の対策を必要とする状況である。

▼現存被ばく状況――管理についての決定をしなければならない時に既に存在する、緊急事態の後の長期被ばく状況を含む被ばく状況である。

なお、放射線防護の原則である正当化と最適化については、上述の3つの状況に適用されることとなる。線量限度の適用については、計画被ばくの状況の結果として、確実に受けると予想される線量に対してのみ適用される。

(7) 個人線量やリスクの制限によって、すべての被ばく状況に対し同様の方法で適用できる防護の最適化原則の強化

(a) 計画被ばく状況における線量拘束値及びリスク拘束値

(b) 緊急時被ばく状況及び現存被ばく状況における参考レベル

上記の制限値は、放射線防護のための方策を決定する際に、予測的に適用されるものである。この制限値より高い線量になる結果をもたらす選択肢は、計画段階で却下されるべきである。

（線量拘束値）
・線量拘束値は、計画被ばく状況において1つの線源から受ける個人被ばく線量に対する予測的でかつ線源関連の制限であり、その線源に対する防護の最適化における予測線量の上限値
・線量拘束値は、線量限度以下の値
線量拘束値は、規制機関が定めた規制上の限度として用いない

（参考レベル）
・参考レベルは、緊急時被ばく状況及び現存の制御可能な被ばく状況に適用され、そのレベルより上では、最適化すべきと判断されるような線量及びリスクのレベルを示す
・その値は、被ばく状況をとりまく事情に依存

この勧告が適切に、より早く国内制度に取り入れられていれば、政府や自治体の国民への呼びかけは、より確固とした放射線防護の原則に立つことができたはずです。「安全／危険」の無益な論争に費やされたリソースは、より具体的な避難・除染・生活再

建・補償へと振り向けられたことでしょう。今からでも遅くないので、「参考レベル」の共有をはかりながら（自称他称の専門家の無理解は放置して）、福島の住民の生活が改善されるように微力ながら尽くしたいと思っています。

私にできることは、さしあたり、飯舘村のリスク・コミュニケーションへの協力です。次節でそう思うに至った経緯をご説明します。

飯舘村は事故の象徴的な存在

「現存被ばく状況」にある私たちの状況を、先鋭にかつ具体的に感じさせてくれる事例が飯舘村です。昨年（2011年）の全村避難以降、役場を含め、村からほぼ1時間の距離に6千人が避難しているこの村と避難者には、大きな困難が降りかかっています。

避難生活はいつ終わるのか、除染計画は着実に実施され効果を上げるのか、そもそも村に戻れるのか、戻ったとして産業は再興できるのか、特産品は売れるのか、若い世代が流出してしまえば村の将来はどうなるのか、20の行政区に分かれ、それぞれ二世代・三世代同居があたりまえだった村が、避難生活でばらばらとなった以上、かつてのコミュニティーは再生できるのか、等々。

すでに述べましたように、昨年4月29日にはじめて飯舘村を訪問して以降、飯舘村の菅野村長に何度かお目にかかるうちに、大乗仏教的な感覚をお持ちの政治家だ、と思うようになりました。村人の幸せというものを非常に真面目に考えておられる。村人の幸せを極大化するために仕事をしている、と端々《はしばし》に感じます。「いいたてホーム」の事例――1ヶ月程度での全村避難という政府指示に抗して、ホームを村に残し、高齢者の生活と命を守った――でも明らかだと思います。計画的避難区域の基準が、空間線量で年間20ミリシーベルトと政府から通達が来る。菅野村長でなければ、それをそのまま受け入れてしまったかもしれない。

福島第一原発事故直後、原発から北西方向40キロの距離にある村は、福島県浜通《はまどおり》地方からの避難者を受け入れていました。福島原発1号機と3号機で水素爆発が起きると、大量に放出された放射性物質がプルームとなって村を通過、放射性物質が村には大量に降下したのです。太平洋岸からの避難者を受け入れていた村が、原発事故の深刻な被災者となったかたちです。空間線量率は上がり、多いところでは1時間あたり100マイクロシーベルトを超えたと推定されます。

村全体の空間線量（積算）が年間20ミリシーベルトを超えると予想されたため、昨年4月、「計画的避難区域」に指定されました。村は村民約6千人（1700世帯）の避難先を確保し、2011年5月には村を空け（避難完了は8月頃）、福島市飯野町に役場を移し、その後も「帰村」に向けて除染や補償の厳しい交渉を政府や県と重ねています。

1990年から村と交流をお持ちの研究者によれば、「仮設住宅や公的宿舎に集団避難するものは三割にとどまり、県の民間借上げ住宅に散在することになった約七割の避難者は、村の情報やつながりを失い、孤立感に苛まれている者も少なくない」と言います（千葉悦子、松野光伸『飯舘村は負けない』）。

菅野村長は、おおよそ村から1時間の距離に避難先を選定し、子どもは親元からの通学が可能になるよう配慮しました。しかし、二世代、三世代同居が一般的だった村の暮らしは維持できず、避難先では住居の十分な広さを確保できないため、あるいは、仕事や教育の関係から、1700世帯が約3000世帯に分かれて避難しています。

世帯数は避難後も増加していることに注意してください。仮設住宅が狭い、仕事に通うのに遠すぎる、要介護のお年寄りと同居の場合は仮設住宅を複数使用できる場合がある、などの理由によります。世帯数は、増え続けているのです。2012年8月現在で3000世帯に達しました。

「2年で帰村」と菅野村長は主張し呼びかけています。批判が向けられることもあるようです。その方々とて、「帰村」を全く理解しないのではなく、他の選択があることを念頭に、帰村を第一の目標に掲げることに全面的な同意はできない、という事情があるのです。小学生の子供を転校させている親御さんもありますから、当然です。ただ、全村避難の完了（2011年8月）から1年、この春からは避難区域の再編が行われていますので、帰村計画はいっそう重要な局面を迎えています。

菅野村長は、震災・津波・原発事故以前から何期も村長を務めています（以前は公民館長も務められた）。村への愛情が強いし、アイデアマンです。村への愛着が深ければこそ、そして、村がゴースト・タウンとなってしまうことを強く懸念されるからこそ、昨年4月、「1ヶ月以内の全村避難」との政府指示に、果敢に抵抗されたものと思います。（人間の忍耐や関心は2年が限界という厳しい認識も持っておられます。）

2011年4月時点では、ただちに避難の決断をしない村長に「人殺し」「放射能の人体実験をするのか」と罵声《ばせい》を浴びせる向きもあったと聞きます（多くは福島県以外の人たちだったでしょう）。「飯舘村は警戒区域・避難準備区域以外で全域にわたって避難指示が出された唯一の自治体であったことから、マスコミも連日連夜取りあげ…」（『飯舘村は負けない』iii頁）という中で、よく堪《こら》えられたと敬意を表します。

帰村する自由、帰村しない自由

避難は容易なことではない、ということがなかなか理解されません。福島第一原発事故前に比べれば、空間線量はたしかに高い。すると、低線量でも放射線の影響はあるのだから、何を措《お》いても避難すべきだ（行政のトップであれば避難させるべきだ）、といとも簡単に口にする人たちが後を絶ちません。

避難したい人を阻止《そし》したり揶揄《やゆ》したり批判したりすべきでないことは当然です。移動は自由ですし、心配や不安があるのを、それはおかしい、駄目だという理由など全くありません（その際の補償は重要な問題ですが、未解決です）。

しかし、平時でない現在、リスクを「ものさしで測って最小化する」ことが不可欠です。警戒区域の一部のような高線量であればともかく、2011年4月〜5月当時、飯舘村の居住区域の大半は、緊急脱出するような危険はありませんでした。繰り返しですが、避難には大きなリスクが伴います。避難先を村からしかるべき距離に確保し、住民の避難生活の環境を整えてから避難を実施した村の選択は正しかったと思います。

言うまでもなく、飯舘村にも高線量地域はあります。長泥《ながどろ》地区が典型でよく報じられたのでご記憶の方も多いでしょう。文部科学省の空間線量率マップ（2012年1月11日）によれば、2012年3月までの積算線量（推計値）は92・9ミリシーベルトです。浪江町赤生木《あこうぎ》の一部では200ミリシーベルトを超えています。*（なお、2012年8月28日の長泥コミュニティーセンターの測定値は空間線量率で毎時3・78マイクロシーベルトです。**）

数年先になるはずの帰村と復興を視野に、村民の連帯とつながりを維持すべく、どのような避難が望ましいか、それを考える余裕が、菅野村長にはあったのです。村長には、専門家のアドバイスもあったにせよ、一種の「勘《かん》」で、その判断がついたのでしょう。

避難のリスク（マイナス）をリアルに思い描くことは、自治体の首長にとって、きわめて重要です（政府が変更を重ねた警戒区域の線引きが、どのような混乱と悲劇を生んだか、事故直後を検証したNHKの番組や、複数の事故調査委員会の報告書などで理解された方も多いでしょう）。避難したとしても、職を失い、家を失い、地域のつながりを失って、どうやって生きていけるだろうか、高齢者であればなお、根無し草になってしまう悲惨が、菅野村長とそのスタッフには直感できたのでしょう。

当時のマスコミやインターネットの論調を思い出せば、避難させた方《ほう》が喝采《かっさい》を浴びたかもしれない。いち早く避難させた自治体もありましたから。しかし、全村避難を求める政府に猶予《ゆうよ》を求め、例外を認めさせ、避難先確保に精力を注いだ。なかなかできることではありません。

私から村長に、一つだけ率直な意見（違和感）を申し上げれば、菅野村長は個人線量の測定に積極的とは言えなかった。なぜかはわかりません。私と意見が少し違います。多くの方々の献身によって、空間線量と個人の被ばく線量はずいぶん違うことが徐々に知られるようになってきました（個人の被ばくが圧倒的に少ない。空間線量の単純な積算と、個人の被ばくには大きな開きがあるのです、なお、２０１２年９月時点で、各世帯への線量計の配布が開始されています）。

放射線防護の原則は、個人被ばく線量の（経済的・社会的要因を考慮に入れた合理的）低減です。帰村するとして、飯舘村の70％以上を占める山林の除染は容易な事業ではありません。しかし、立ち入ってはいけない場所——山林の他に、除染後の土や枯葉などの仮置き場——が理解されれば、被ばくを可能な限り低くすることの条件は

＊——http://radioactivity.mext.go.jp/ja/contents/5000/4765/24/1750_011718.pdf
＊＊——http://fukushima-radioactivity.jp

皆無ではないのです。飯舘村でどのような暮らしが可能になるのか、個々人の線量を把握する必要があると思うのです。

飯舘村、帰村を目指すが故の困難

飯舘村は非常に厳しく難しい状況にあります。大変な困難を背負っている。福島第一原発事故の、いわば象徴的な被災地のひとつです。原発周辺地域（警戒区域）の場合、「一部は人が住んでもいい」となったら自治体としてまとまりがとれません。この春からの避難区域の見直し*に際して、周辺自治体では帰還を一致して先送りしようとなっています。私にも想像がつきます。その方が合意形成しやすいでしょう。

原発に近い地域は、就労をとっても税収をとっても、原発に依存した経済でした（実際、ある町では町会費の残高が2億円もあったと聞きました）。町の経済の基盤は、一次産業ではなく三次産業です。その意味では、東京に近い。ところが飯舘村は原発から40キロ。原発による経済的恩恵はほとんど受けてこなかった。それにもかかわらず、福島第一原発の水素爆発後の風向きなどの悪しき偶然が作用し、避難を強いられた。飯舘村は原発の近くの自治体と違い、三次産業ではなく、一次産業で暮らしてきた昔からの農村です。これは私の推測ですが、おそらく、そういう条件・環境にあるからこそ、帰りたいと村長は主張されるのだと思います。三次産業は、ある意味どんな場所でも成立しますが、飯舘の農業は飯舘でしかできないからです。同じ空間線量であっても、他の地域と同じようには語れません。

原発は4基廃炉・廃止になりましたので、福島第一原発が再稼働する可能性はゼロになりました。となると、二次産業、三次産業が中心の地域の住民はどうしても住み続ける理由は弱くなる。この点が飯舘村との違いです。

産業構造が違うということは、ライフスタイルの違いを意味します。飯舘では牛を飼います。それは、大きな家に住むということです。家族同様に牛を扱わなくてはいけないからです。ですから、家も大きい。敷地も広い。必然的に、自然と同居するお

＊——首相官邸 東電福島原発 放射能関連情報
http://www.kantei.go.jp/saigai/pdf/20120330kuiki_unyou.pdf
▼帰還困難区域＝5年を経過してもなお、年間積算線量が20ミリシーベルトを下回らないおそれのある、現時点で年間積算線量が50ミリシーベルト超の地域
▼居住制限区域＝年間積算線量が20ミリシーベルトを超えるおそれがある地域
▼避難指示解除準備区域＝年間積算線量が20ミリシーベルト以下となることが確実な地域

おらかなライフスタイルになります。

東京などの都会・大都市に住む人たちの中には、飯舘村に限らず福島県全体に対して、なぜ避難しないのか、と思う方もあるようです。移住できる、移住しても困らない、という感覚が支配的な都会では、なかなか飯舘村の土地への執着は共感を呼ばないのかもしれない。しかし、事故から1年半、避難完了から1年が経ち、福島県外に避難していた人たちの中には県内に戻ってきている人が増えてきた。最近お聞きしたことですが、避難しているある町の場合、県外避難を県内避難が上回ったそうです。県外から戻ってきているということでしょう。この背景の分析・解明を待ちたいと思いますが、私の想像では、土地への執着が違うのだと思います。

住民たちは揺れている

飯舘村では、高齢者を中心に、村長以下多くの人は戻りたいと言っています。アンケートでは半数以上が帰村を望んでいます。

しかし、本当に半分戻ってくれるだろうか。これは時間との闘いです。

全村避難からはや1年5ヶ月経っています。2年を越すと共同体の再生は難しくなると言われています。それなのに、除染対策は進展せず、有効な手が打てずにいますし、本当に除染が大事なのかという疑念さえ最近は生まれてきています。

大雑把な物言いになりますが、日本の人口1億3千万人のうち、原発事故の被害者は福島県民200万人、その中で直接の被害を感じているのは、多めに見積もって20万人くらいでしょうか。実際、現在でも福島県の県内県外避難者は16万人と言われています。1億3千万人に対して20万人であれば0・15%です。

原発から北西に60キロ離れた福島市に飯舘村住民の過半は避難しています。福島市の線量は思いの外《ほか》高く（飯舘村を越えて放射性プルームが流れた先が福島市です）、毎時0・67～0・75マイクロシーベルトです。それでも、事故直後と比べるとずいぶん減って、半分になりました。

今後、避難を続けるべきかどうか、住民は揺れています。アンケートの結果では、健康状態は確実に悪化しています。とくに、狭い仮設住宅での暮らしは運動不足になりがちで、広い住まいに慣れた飯舘の方には大きなストレスになります。昼間からの飲酒も珍しくなく、鬱《うつ》も増えています。

一方、「放射線のものさし」はなかなか身につきませんし、とくに子供たちが心配です。若い人が戻らなければコミュニティーは成立しない、という不安が高齢者にはあります。避難をやめて帰村したら補償金をもらえなくなるのでは、といった声も耳にします。

さらに、飯舘村は、全村が「計画的避難区域」でしたが、2012年7月17日から、年間被ばく放射線量が50ミリシーベルト超で長期間戻れる見込みがなく、立ち入りを制限する「①帰還困難区域」と、年間被ばく量が20ミリシーベルトを超えるおそれがあり、引き続き避難を継続することが求められるが立ち入りはできる「②居住制限区域」、年間被ばく量が20ミリシーベルト以下となることが確実と確認された「③避難指示解除準備区域」の三つに再編されました。自宅への立ち入りや補償などについて、村民の間に立場の差ができてしまったことも事態を複雑にしています。

帰村の問題は簡単ではありません。しかし、日本人は、今こうした困難な問題に直面している国民が（人口の0・15％とはいえ）いることを忘れてはなりません。国民の関心が薄れれば、政府はしっかりとした対応を怠《おこた》るかもしれません。原発作業者と避難者への関心を持ち続けることが、東京で電力を消費してきた私たちが最低すべきことだと思います。

厚労省の薬事・食品衛生審議会の新基準値

食品安全委員会に専門参考人として出席したことはすでに述べました（第一章）。私が悔やんでいるのは、東京の基準で（あるいは東京の消費者の視点で）暫定規制値が改訂されたことです。

小宮山厚生労働大臣は、東京のムードに引きずられた、と言うべきです。審議が始まる前に、マスコミに「基準を厳しくする」と言ってしまったのですから。

食品の放射性物質規制値「厳しく」厚労相

厚労省は、食品に含まれる放射性物質の暫定規制値を設定し直す方針。小宮山厚労相は21日、「新たな規制値は現状より厳しくなる」との見通しを初めて示した。〔…〕

専門家の間では「規制値を厳しくすべき」との意見と、「現状のままでよい」との意見があるが、小宮山厚労相は「食品の安全性を確保する必要があると考えていますので、厳しくなると思います」と述べた。審議会での議論に先立って「厳しくなる」との見通しを示した形。（日本テレビ「NEWS 24」２０１１年10月21日、http://news24.jp/articles/2011/10/21/07193005.html）

あるデータによると、暫定規制値に従えば、食品等の摂取による年間被ばく線量（内部被ばく）が0・051ミリシーベルトに抑《おさ》えられる、ということになっていました。それに対して、新基準値を適用すれば、年間0・043ミリシーベルトに抑制される。この変更でどれだけ被ばく量が減るかと言えば、年間0・008ミリシーベルトです。自然被ばくが2・09ミリシーベルトの日本にあってさえ誤差の範囲です。ほぼ減らない。もともとの基準（暫定規制値）が十分に低いからです。

しかも、新基準値に変更しても、東京にとっては何の影響もない。流通業者も消費者も痛くもかゆくもない。福島の生産者に対してだけ、ネガティブな効果を持ったのです。基準値を超えないように農地や果樹の手入れをする（除染する）苦労はたいへんなものです。ある地域のある作物に規制値超えのものが見つかった、と報道されれば、その農家だけの問題ではなくなります。

そもそも、本年春に施行された新基準値は、アメリカの12分の1、飲料水に至っては120分の1です。国際的に見て異様に低いのです。いったい誰のための規制値改訂か、と思わざるを得ませんでした。

幸い生産者と流通業者の努力によって、流通している食品・飲料水の汚染はほとんど抑えられています（福島県や農水省のホームページをご覧になればその様子がわかります)。結果として、福島県産の農作物を摂《と》っても、内部被ばくを心配する必要はなくなりました。山菜や自家栽培の野菜などをずっと食べ続けている方を除き、測定値はND(未検出)が続いています。

専門家はチェルノブイリ原発事故後の食品汚染を知っていますから、日本の内部被ばく抑制の施策は大成功と評価しています。ここに至る過程においては、メディアが根拠のない危険を煽《あお》り、政治家が迎合《げいごう》的に振る舞い、選挙民へのアピールを優先しましたが、福島産の農作物への信頼性は回復しつつあります。現場でご尽力された方々(引き続き尽力されている方々)への敬意を新たにします。

もし本年4月に、新基準値が撤回され、暫定規制値のままであったらどうなっていたでしょうか。「とにかく規制値を下げて」という声は、止まるところを知らなかった可能性もあります。行政府にとって運がよかったと思います。結果的に、新基準値の不公正さ(不必要)は注視されず、福島の生産者と流通業者に皺寄《しわよ》せが転嫁《てんか》されたものの、消費者の不安は鎮《しず》まった。政策的な意図を超えて、プラスに作用した、としか言えません。松永和紀さんの文章が印象に残っています。

〔…〕認めざるを得ないのは、新基準値案が公表された途端、市民、消費者の食に対する不安は一気に沈静化した、という事実だ。

から厚労省への苦情電話は激減したという。マスメディアの報道も減った。私は昨秋から今春まで約40回、講演をしたのだが、新基準値案公表以降、聴衆の雰囲気ががらりと変わったことを肌で感じている。

（「編集長の視点」2012年3月22日、http://www.foocom.net/column/editor/6065/）

東京のメディアの自己本位

東京のメディアは東京の読者にアピールする記事を掲載します。被ばく線量の推計値の報道がこれを端的に示しています。昨年12月の報道を東京と福島で比較してみましょう。

――外部被曝、最高37ミリシーベルト　福島住民調査で推計（朝日新聞、2011年12月9日）

――被ばく推計6割1ミリシーベルト未満／浪江、飯舘、川俣山木屋の1727人／最高値は原発作業者か（福島民報、2011年12月10日）

地元メディア（福島民報や福島民友、福島のテレビ局など）が、切実な関心に立って、

「安心材料」として被ばく線量の推計を報じても、東京のメディアは（平均値でもなく、中央値でもない）最大値を、ことさら大きな見出しで掲げるのです（記事の中では「平均1ミリシーベルト強だった」と記しているにもかかわらず）。

また、「最高37ミリシーベルト」の外部被ばく推計値は、福島原発作業員のものである可能性が高いのですが（地元紙はそう報じています）、東京の新聞を読む限りでは、住民のものであるように受け取れる。「線量の高い人は、空間線量の高かった避難区域や、プルーム（放射性雲）の流れた地域での滞在時間が長かった可能性がある」と書いていますから。要は「たいへんだ！」と叫ぶのと変わらないのです。（なお、以上は2011年12月時点の福島県の解析〔外部被ばく推計値〕を報じたものです。本年9月12日、「県民の大半1ミリシーベルト未満　10万人超の外部被ばく推計」〔福島民報〕と報じられています。これは福島県による推計作業の完了を受けて書かれた記事です。）

福島の地元メディアとその読者（視聴者）の方が、はるかに現実的な数字感覚をもっていると言えます。東京は東京のことだけが心配なので、福島の人々にどんなネガティブな影響があるかなど、想像もしないのでしょう。

「福島より首都圏のほうが危険なくらいだ」という見出しが、ある週刊誌を飾ったこともあります。たいへん自分勝手で率直です。「20年後のニッポン、がん　奇形　奇病　知能低下」とさえ書かれていました。

食の安全と安心の議論が、一気に社会不安にまで膨張するさまを見て、注意が必要だと思いました。より合理的に判断し、リスク・ゼロではなく、リスクの分有・分担を推し進めたいと思った私は、食品安全委員会に、昨年（２０１１年）８月27日、恩師でもある佐々木康人先生と共同で意見書を提出しました。これも備忘として残します。

食品安全委員会事務局　＊＊様

放射性物質の食品健康影響評価に関するＷＧ〔ワーキング・グループ〕第９回会合（平成23年７月26日）の議論を経て、報告最終案[*]がパブコメに掛けられた後、放射線影響、防護関係の専門家から、XIII食品健康影響評価の記述に関して質問を受けました。そのため第９回ＷＧ議事録と報告書本文を再度読み直して〔み〕ました。その結果、第９回会議での議論が必ずしも十分に最終案に反映されていないことに気がつきました。特に下記の重要事項について、慎重に再検討する必要があると考えるに至ったので申し上げます。極めて重要な事柄であるので必要ならば山添座長宛に直接意見を申し上げることも考えています。このことにつ〔い〕てもご助言ください。

よろしくご高配ください。

平成23年8月27日　　佐々木康人、中川恵一

記

1　「以上から……、放射線による悪影響が見いだされているのは、通常の一般生活において受ける放射線量を除いた生涯における累積の実効線量として、おおよそ100 mSv以上と判断した。」(報告221頁18–20行) との記載を再検討する必要が〔あ〕る。

理由 (1) 第9回会合で議論された (議事録11–12頁) ように、この文章の前に引用された3論文の②、③は原爆被爆者のデータで急性被ばくの影響を見たものである。また、①は高自然放射線地域での累積線量であるが、「500 mGy強で発がんのリスクの増加が見られなかった」という報告であるので、「生涯累積線量100 mSv以上で悪影響が見出される」根拠とはなら〔な〕い。生涯累積線量100 mSv以上で影響が見出される文献を例示すべきである。

＊——食品安全委員会「第9回 放射性物質の食品健康影響評価に関するワーキンググループ」
http://www.fsc.go.jp/fsciis/meetingMaterial/show/kai20110726so1

理由（2）第9回会合で議論された（議事録9–10, 13頁）ように「悪影響」は「影響」とすべきである。「良い影響」と対比されて有無が論じられるという誤解を招く。

理由（3）放射線に「悪い放射線」と「良い放射線」（自然放射線）があるかのように曲解されることのないよう、表現に十分注意する必要がある。

2　4．おわりに、「日本人の食品摂取の実態等を踏まえて管理を行うべきである。」を「踏まえ〔た〕上、ＩＣＲＰ等国際的防護体系に準じて適切な管理を行うべきである。」と修正する提案をし、座長が了承した点（議事録10, 19, 20頁）が最終案に反映されていない。

以上

当時を回顧して、事故後1年目に開かれた座談会で、松永和紀さんはこう語っておられました（川端裕人さんと私が参加）。リスク・コミュニケーションの専門家だからこそ深刻な疑念に囚《とら》われた、その事情をよく説明してくれます。

松永和紀氏——人生の危機、社会の危機、とにかく早く決断しなければいけないというクライシスの時、川端さんは先ほど「正しいお父さんを求めていた」と批判的な意味合いで言われたけれど、お父さんを求めるのも人のある一面の当然の気持ちだ、と今回感じました。同時に、今まで自分がコミュニケーションについて言ってきた「情報の透明化」とか「中立性」と「市民参画」というような浮ついた言葉を振り回しても、クライシスには通用しない、と思ったわけです。信じてきたものが私の中で崩れ去る思いでした。でも一方で、情報を判断する強さを市民も持たなければ、とも感じる。今も、整理はうまくできていません。（中川恵一、川端裕人、松永和紀、座談会「「原発本」はどう読まれたか」『中央公論』2012年4月号）

私からの提案

がんを専門とする医師として、放射線を熟知する研究者として、福島と日本がこの危機を乗り越えるために、いくつか提案があります。以下に箇条書きにしてみます。この本の要約と言ってもよいものです。

①リスク・コミュニケーションに予算をつけること（除染の厖大《ぼうだい》な予算に比して、あまりにも少ない）。

②健康診断の実施と、親身な健康相談を維持するために、医師と看護師の拡充（予算

措置）が必要（県民健康管理調査）。

③住民の声にならない声を聴く必要がある。住民主体の体験型学習の場を用意すること。

④福島第一原発の作業員に継続した支援が必要（事故の収束へ向けた作業が着実に進められているのは、ほんとうに奇跡的なこと）。

⑤被ばくと発がんについて、最低限の知識を持ってもらうように働きかけること（がん専門医として）。

⑥がんが増えたかどうかを検証するためには、現時点での福島県のがん罹患率《りかんりつ》を算出しておく必要がある（ベースラインがないと、増えたかどうかわからなくなります。がんが増えるには5年以上を要するが、急ぐ必要があります）。

⑦高齢者の甲状腺がんの「過剰診断」の問題などを、福島県民に周知させること。

⑧福島の子供たちへの放射線教育（これは親への逆世代教育につながります）。

⑨国が、福島県の実状（とくに作業現場と避難者の実態）を責任を持って全国民に正確に広報すること（国民の関心が薄らぐなか、一般メディアにはできないことです）。

⑩飯舘村などの自治体に、ある程度の裁量権を与えること。国はこうした自治体の要望をできるだけ取り入れること。

⑪県民一人ひとりに「放射線のものさし」を持ってもらうような体制を作ること。そ

の上で、一人ひとりの意思決定を尊重すること。

最後になりますが、やはり、「放射線のものさし」を持つことが一番大事だと痛感します。そして、リスクをできるだけ正しく計った上で、各自が選択した意思決定を、お互い尊重することも大切です。避難を続けることがいけないわけでもありませんし、できるだけ早く故郷に帰りたいという住民の気持ちを理解することも大事です。日本人が安全派と危険派に分断されてお互いを傷つけ合う構図はまさに最悪です。

そもそも、リスクを客観的に見つめることは、本来、人生に不可欠だと思います。低線量被ばくでがんが増える、増えないと延々と議論していながら、日本人のがん死亡は増える一方です。先進国のなかで、がん死亡が減っていない国は日本だけですから、低線量被ばくを語る前に、どうすれば、日本のがん死亡を減らせるのか、どうすれば、自分や家族が、がんで死なずに済むのかを考える必要があります。学校でのがん教育やがん検診受診率の向上に向けた取り組みなど、リスクに向き合う姿勢を今回の原発事故から学びとるべきだとも思います。

本書を通して、読者が各々《おのおの》の「ものさし」を持って頂き、結果的に人生をより豊かなものにして頂けるならば、これに優る幸せはありません。

著者紹介

中川恵一（なかがわ・けいいち）

東京大学医学部付属病院放射線科准教授、緩和ケア診療部長。

１９６０年東京生まれ。１９８５年東京大学医学部医学科卒業、同年東京大学医学部放射線医学教室入局。１９８９年スイスPaul Sherrer Institute客員研究員、２００２年東京大学医学部放射線医学教室助教授などを経て現職。

著書に『がんのひみつ』『死を忘れた日本人』『放射線のひみつ』（以上、朝日出版社）、『がんの練習帳』（新潮新書）、『放射線医が語る被ばくと発がんの真実』（ベスト新書）など多数。共編著に『低線量被曝のモラル』（河出書房新社）など。

厚生労働省「がん対策推進協議会」委員、同「がんに関する普及啓発懇談会」座長、同「がん検診企業アクション」アドバイザリーボード議長、日本放射線腫瘍学会理事。

放射線のものさし　続 放射線のひみつ

2012年10月25日　初版第1刷発行

著者　中川恵一

ブックデザイン　戸塚泰雄（nu）
DTP　中村大吾（éditions azert）
編集担当　赤井茂樹（朝日出版社第二編集部）
発行者　原 雅久
発行所　株式会社朝日出版社
〒一〇一―〇〇六五　東京都千代田区西神田三―三―五
電話　〇三―三二六三―三三二一
FAX　〇三―五二二六―九五九九
http://www.asahipress.com
印刷・製本　図書印刷株式会社

ISBN978-4-255-00683-3　C0095